Prof. Enos Masheija Rwantale Kiremire

MATERIAIS: METAIS E NÃO METAIS

Prof. Enos Masheija Rwantale Kiremire

MATERIAIS: METAIS E NÃO METAIS

ScienciaScripts

Imprint

Cover image: www.ingimage.com

This book is a translation from the original published under ISBN 978-620-8-41767-3.

Publisher:
Sciencia Scripts
is a trademark of
Dodo Books Indian Ocean Ltd. and OmniScriptum S.R.L publishing group

120 High Road, East Finchley, London, N2 9ED, United Kingdom
Str. Armeneasca 28/1, office 1, Chisinau MD-2012, Republic of Moldova, Europe
Managing Directors: Ieva Konstantinova, Victoria Ursu
info@omniscriptum.com

Printed at: see last page
ISBN: 978-620-8-62891-8

Conteúdo

Introdução

Os metais e os não metais são de importância vital para a humanidade e para a vida em geral desde tempos imemoriais. Desempenharam papéis cruciais no desenvolvimento da raça humana através de uma cadeia de revoluções industriais, incluindo a era moderna das tecnologias modernas, nomeadamente a inteligência artificial, os computadores de alta velocidade, os comboios-bala, os robôs e as explorações espaciais. Todas estas substâncias podem ser divididas em elementos químicos, moléculas, compostos/complexos ou aglomerados químicos, átomos e electrões. A teoria dos aglomerados é simplesmente uma tentativa de compreender a ORDEM que prevalece no UNIVERSO dos elementos químicos, das moléculas, dos aglomerados químicos e dos seus electrões.

Descobriu-se que todos os aglomerados químicos, moléculas e seus elementos e seus electrões obedecem à LEI NATURAL fundamental expressa como $K^*=D^zC^y$ onde D^z segue a série 14n e C^y segue a série 12n para os elementos de transição. No caso dos elementos do grupo principal, D^z segue a série 4n enquanto C^y segue a série 2n. No entanto, no caso dos lantanídeos e actnídeos, o parâmetro D^z segue a série 28n enquanto o parâmetro C^y segue a série 26n. As variáveis z e y representam, em geral, o número de elementos esqueléticos nas camadas D e C, respetivamente, e z+y=n, o número total de elementos esqueléticos nas camadas do grupo. Descobriu-se que todos os ELEMENTOS METÁLICOS SÃO CARACTERIZADOS POR UM PARÂMETRO D^{-z} NEGATIVO, ENQUANTO OS ELEMENTOS NÃO METÁLICOS TÊM UM PARÂMETRO D^{+z} POSITIVO. Este conceito pode ser ilustrado através da análise dos agrupamentos hipotéticos dos elementos químicos da quarta linha da tabela periódica.

M-1: F=Kio
n=10
K=35
K(n)=35(10)
K=n+t=10+25(n=10, t=25)
K=2n+15
S=4n-30
VE=4n-30=4(10)-30=10
$K^*=D^zC^y=D^{-6}C^{16}$(z=-6, y=16); metálico
VE=4z+2+2y=4(-6)+2+2(16)=10

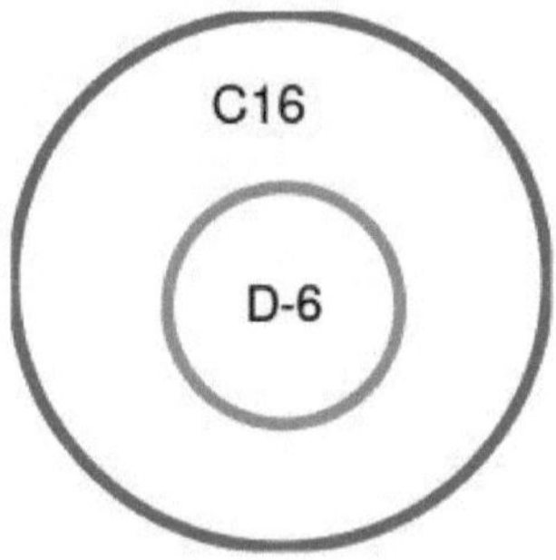

K_{10}

Figura 1.

M-2: F=Caio
n=10
K=30
K(n)=30(10)
K=n+t=10+20(n=10, t=20)
K=2n+10
S=4n-20
VE=4n-20=4(10)-20=20
$K^*=D^zC^y=D^{-1}C^{11}$(z=-1, y=11); metálico
VE=4z+2+2y=4(-1)+2+2(11)=20

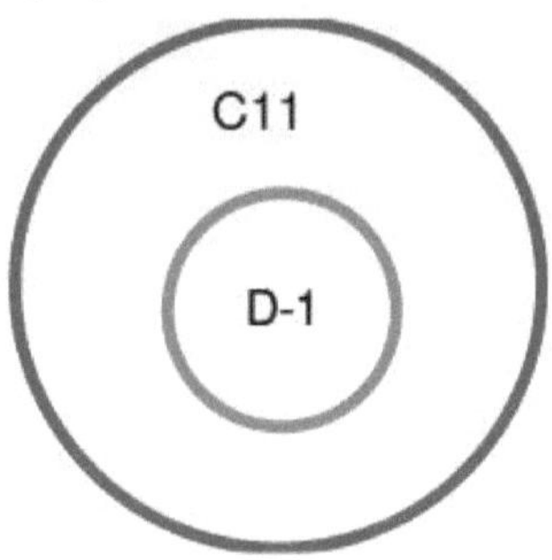

Ca_{10}

Figura 2.

M-3: $F=Sc_{10}$
n=10
K=75
K(n)=75(10)
K=n+t=10+65(n=10, t=65)
K=2n+55
S=4n-110
VE=14n-110=14(10)-110=30
$K^*=D^zC^y=D^{-46}C^{56}$(z=-46, y=56); metálico
VE=14z+2+12y=14(-46)+2+12(56)=30

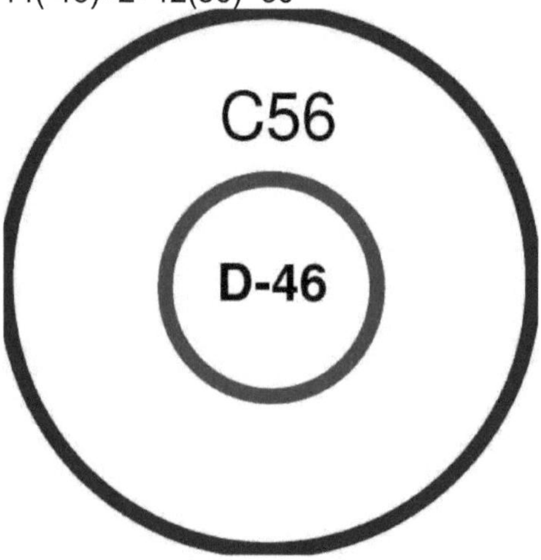

Sc_{10}

M-4: $F=Ti_{10}$
n=10
K=70
K(n)=70(10)
K=n+t=10+60(n=10, t=60)
K=2n+50
S=4n-100
VE=14n-100=14(10)-100=40
$K^*=D^zC^y=D^{-41}C^{51}$(z=-41, y=51); metálico
VE=14z+2+12y=14(-41)+2+12(51)=40

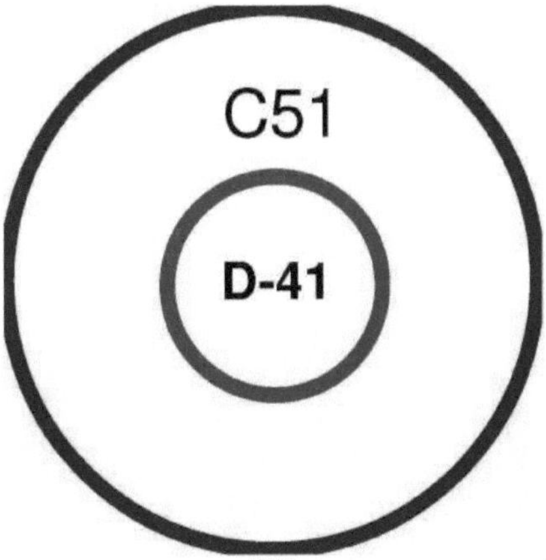

Ti10

Figura 4.

M-5: F=Vio
n=10
K=65
K(n)=65(10)
K=n+t=10+55(n=10, t=55)
K=2n+45
S=4n-90
VE=14n-90=14(10)-90=50
$K^*=D^zC^y=D^{-36}C^{46}$(z=-36, y=46); metálico
VE=14z+2+12y=14(-36)+2+12(46)=50

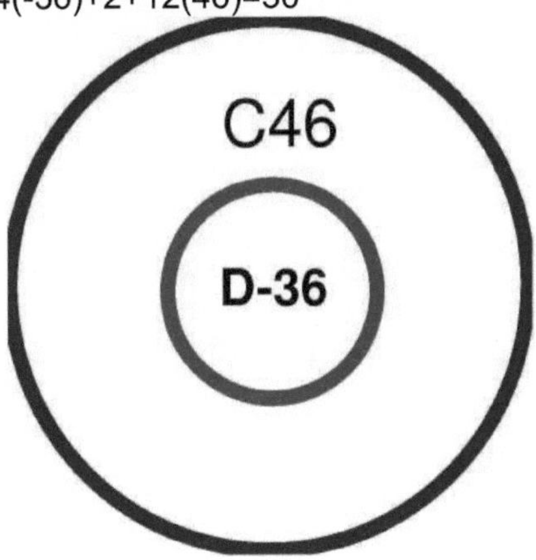

V10

Figura 5.

M-6: F=Crio
n=10
K=60
K(n)=60(10)

K=n+t=10+50(n=10, t=50)
K=2n+40
S=4n-80
VE=14n-80=14(10)-80=60
K*=D^zC^y=$D^{-31}C^{41}$(z=-31, y=41); metálico
VE=14z+2+12y=14(-31)+2+12(41)=60

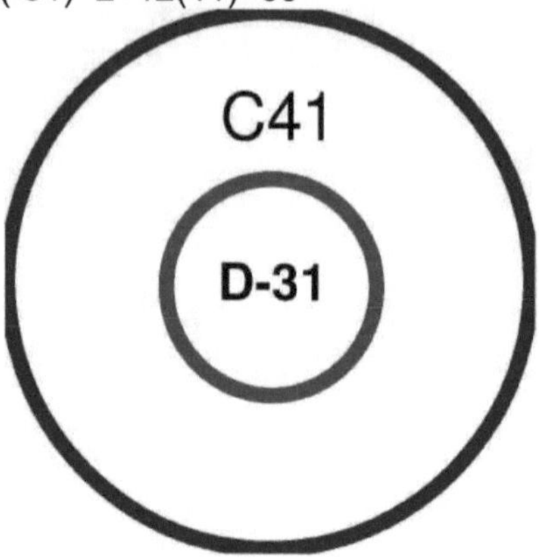

Cr10

Figura 6.

M-7: F=Mnio
n=10
K=55
K(n)=55(10)
K=n+t=10+45(n=10, t=45)
K=2n+35
S=4n-70
VE=14n-70=14(10)-70=70
K*=DzCy=D-26C36(z=-26, y=36); metálico
VE=14z+2+12y=14(-26)+2+12(36)=70

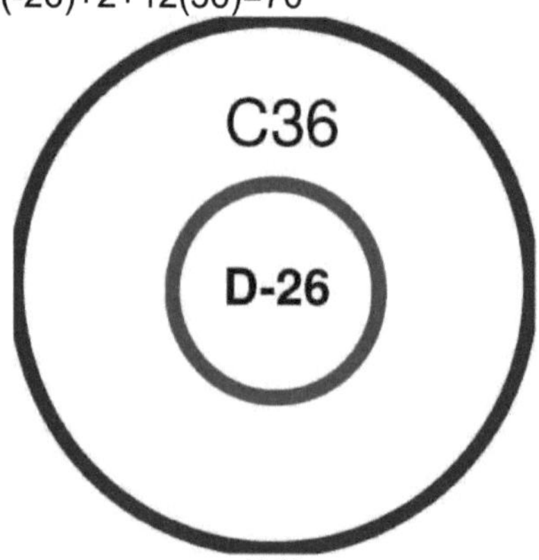

Mn10

Figura 7.

M-8: F=Feio

n=10

K=50

K(n)=50(10)

K=n+t=10+40(n=10, t=40)

K=2n+30

S=4n-60

VE=14n-60=14(10)-60=80

K*=DzCy=D-21C31(z=-21, y=31) ; metálico

VE=14z+2+12y=14(-21)+2+12(31)=80

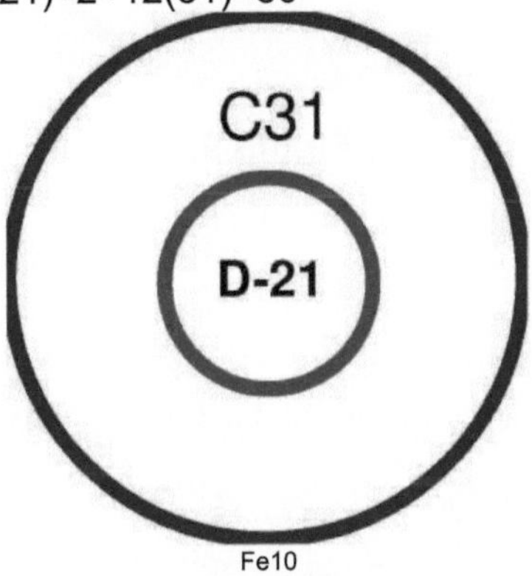

Figura 8.

M-9: F=Coio

n=10

K=45

K(n)=45(10)

K=n+t=10+35(n=10, t=35)

K=2n+25

S=4n-50

VE=14n-50=14(10)-50=90

K*=DzCy=D-16C26(z=-16, y=26) ; metálico

VE=14z+2+12y=14(-16)+2+12(26)=90

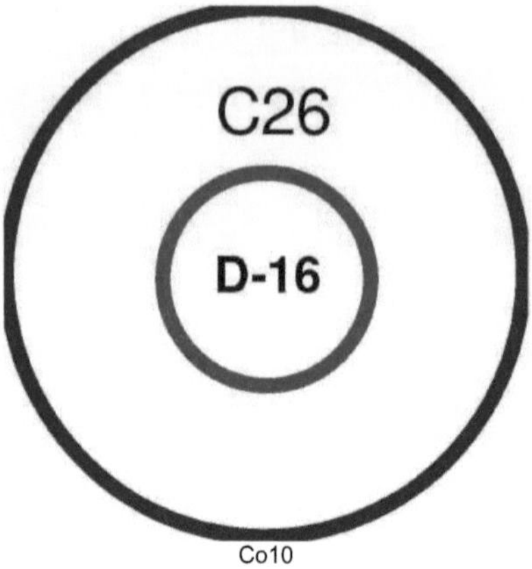

Figura 9.

M-10: F=Niio
n=10
K=40
K(n)=40(10)
K=n+t=10+30(n=10, t=30)
K=2n+20
S=4n-40
VE=14n-40=14(10)-40=100
K*=DzCy=D-11C21(z=-11, y=21) ; metálico
VE=14z+2+12y=14(-11)+2+12(21)=100

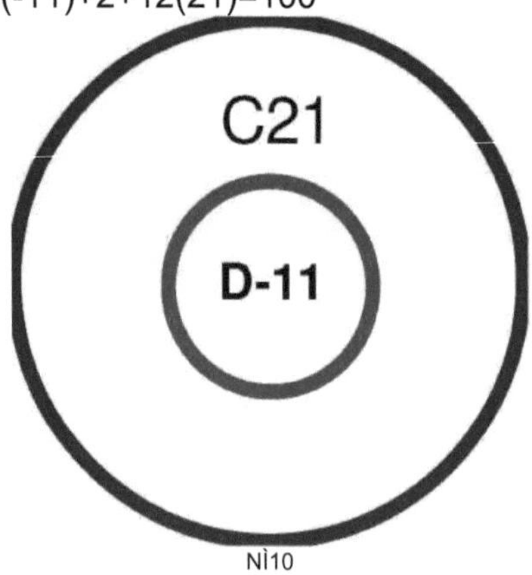

Figura 10.

M-11: F=Cuio
n=10
K=35
K(n)=35(10)
K=n+t=10+25(n=10, t=25)
K=2n+15

S=4n-30
VE=14n-30=14(10)-30=110
K*=DzCy=D-6C16(z=-6, y=16) ; metálico
VE=14z+2+12y=14(-6)+2+12(16)=110

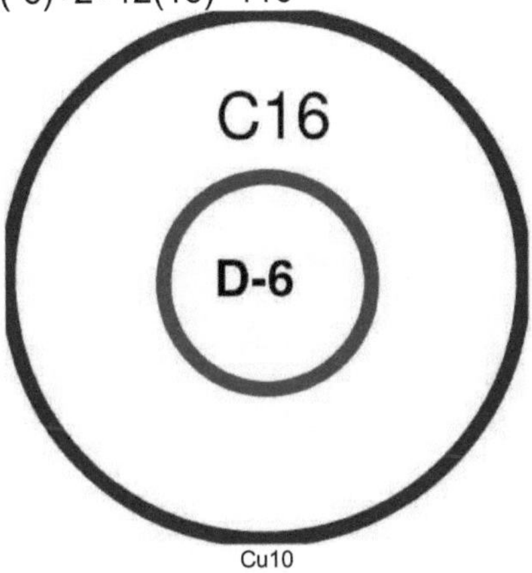

Figura 11.

M-12: F=Znio
n=10
K=30
K(n)=30(10)
K=n+t=10+20(n=10, t=20)
K=2n+10
S=4n-20
VE=14n-20=14(10)-20=120
K*=DzCy=D-1C11(z=-1, y=11) ; metálico
VE=14z+2+12y=14(-1)+2+12(11)=120

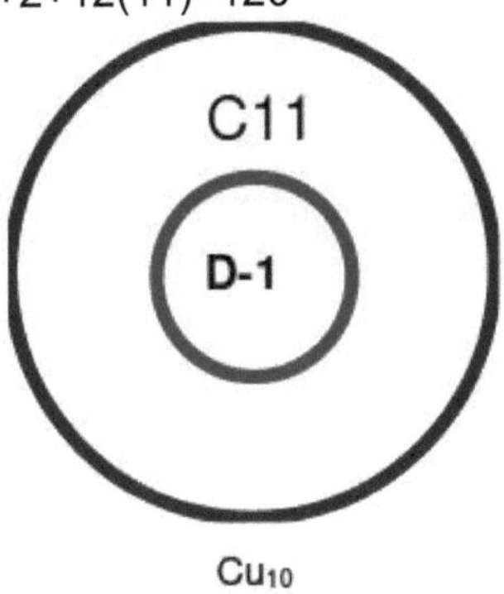

Figura 12.

M-13: F=Gaio
n=10
K=25
K(n)=25(10)
K=n+t=10+15(n=10, t=15)
K=2n+5
S=4n-10
VE=4n-10=4(10)-10=30
K*=DzCy=D4C6(z=4, y=6) ; não metálico
VE=4z+2+2y=4(4)+2+2(6)=30

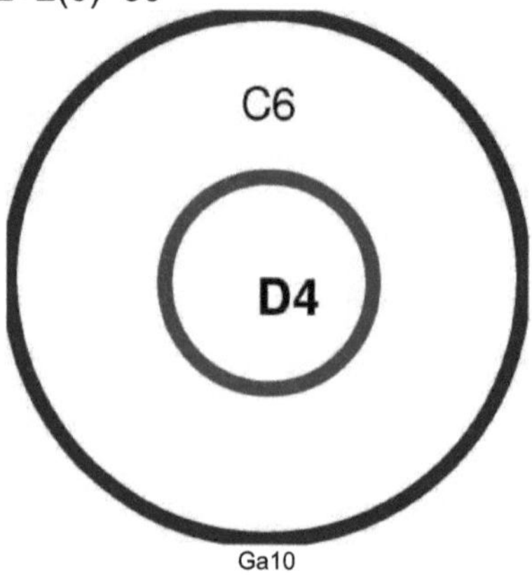

Figura 13.

M-14: F=Ge10
n=10
K=20
K(n)=20(10)
K=n+t=10+10(n=10, t=10)
K=2n+0
S=4n+0
VE=4n+0=4(10)+0=40
K*=DzCy=D9C1(z=9, y=1) ; não metálico
VE=4z+2+2y=4(9)+2+2(1)=40

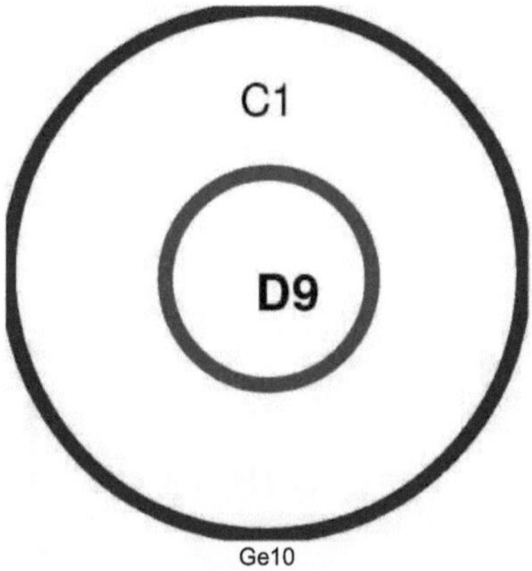

Figura 14.

M-15: F=As10
n=10
K=15
K(n)=15(10)
K=n+t=10+5(n=10, t=5)
K=2n-5
S=4n+10
VE=4n+10=4(10)+10=50
K*=DzCy=D14C-4(z=14, y=-4) ; **não metálico**
VE=4z+2+2y=4(14)+2+2(-4)=50

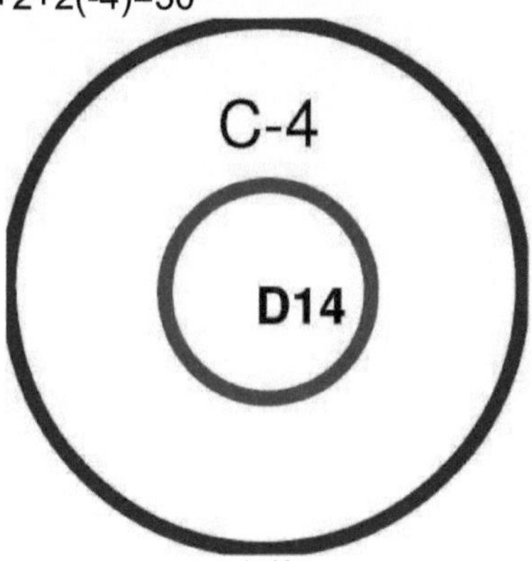

Figura 15.

KN=2z-1=2(14)-1=27
KP=K-KN=15-(27)=-12 KP=3y=3(-4)=-12 K-KN=KP=3y
M-16: F=Se10
n=10
K=10
K(n)=10(10)
K=n+t=10+0(n=10, t=0)

K=2n-10
S=4n+20
VE=4n+20=4(10)+20=60
K*=DzCy=D19C-9(z=19, y=-9) ; **não metálico**
VE=4z+2+2y=4(19)+2+2(-9)=60

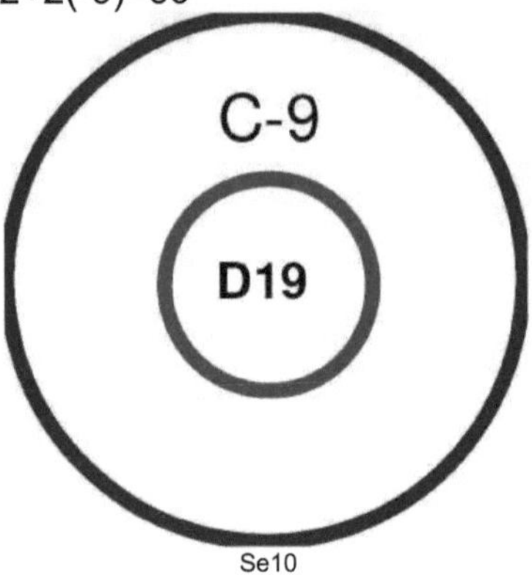

Figura 16.

KN=2z-1=2(19)-1=37
KP=K-KN=10-(37)=-27
KP=3y=3(-9)=-27
K-KN=KP=3y
M-17: F=Br10
n=10
K=5
K(n)=5(10)
K=n+t=10-5(n=10, t=5)
K=2n-15
S=4n+30
VE=4n+30=4(10)+30=70
K*=DzCy=D24C-14(z=24, y=-14) ; **não metálico**
VE=4z+2+2y=4(24)+2+2(-14)=70

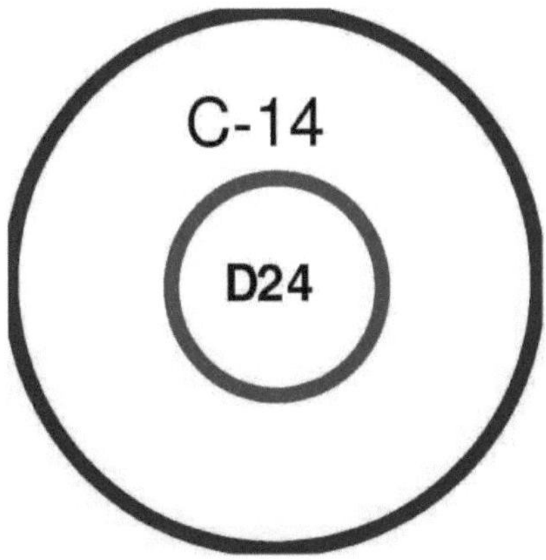

Figura 17.

KN=2z-1=2(24)-1=47

KP=K-KN=5-(47)=-42 KP=3y=3(-14)=-42 K-KN=KP=3y

M-18: F=Krio

n=10

K=0

K(n)=0(10)

K=n+t=10-10(n=10, t=-10)

K=2n-20

S=4n+40

VE=4n+40=4(10)+40=80

K*=DzCy=D29C-19(z=29, y=-19) ; não metálico

VE=4z+2+2y=4(29)+2+2(-19)=80

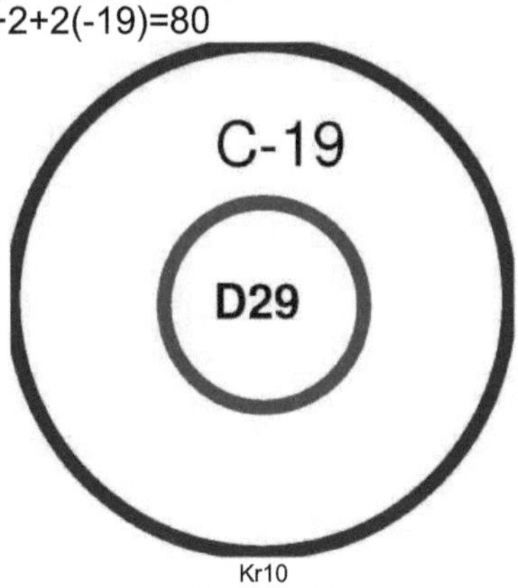

Figura 18.

KN=2z-1=2(29)-1=57

KP=K-KN=0-(57)=-57 KP=3y=3(-19)=-57 K-KN=KP=3y

U-1: $Fe_3(O)(CO)_9^{2-}$

n=4, m=1

$K=3(5)+1(1)+9(-1)+2(-0.5)=6$
$K(n)=6(4)$
$K=n+t=4+2(n=4, t=2)$
$VE=18n-2K+10(-m)=18(4)-2(6)-10(1)=50$
$VF=50$
$K=2n-2$
$S=4n+4$
$VE=14n+4-10m=14(4)+4-10=50$
K*=D5C-1(z=5, y=-1) ; não metálico

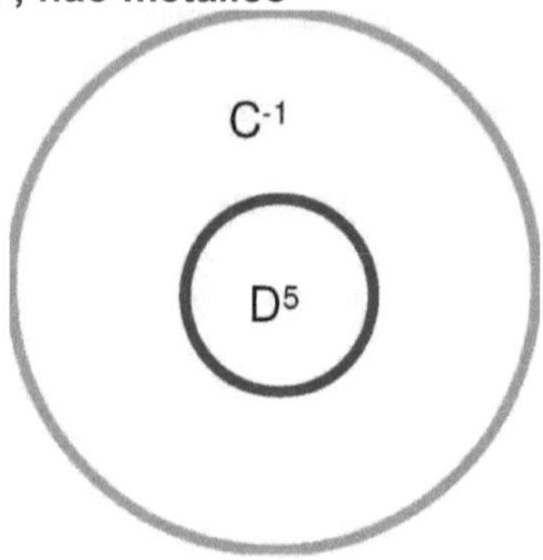

$Fe_3(O)(CO)_9^{2-}$

Figure 19.

$VE=14z+2+12y+10(-m)=14(5)+2+12(-1)+10(-1)=50$
$K=n+t=4+2$
Fe: k=5, V=2k=10; O: k=1, V=2k=2
O^{+1}: k=1+0,5=1,5, V=2k=3

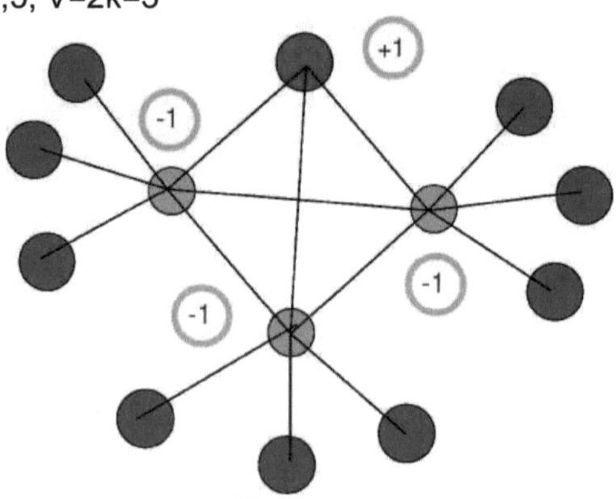

Figura 20.

U-2: $Fe_6(O)_2(CO)_{18}H^{3-}$
n=8, m=2
$K=6(5)+2(1)+18(-1)+4(-0.5)=12$

K(n)=12(8)
K=n+t=8+4(n=8, t=4)
VE=18n-2K+10(-2m)=18(8)-2(12)-10(2)=100
VF=100
K=2n-4
S=4n+8
VE=14n+8-10m=14(8)+8-20=100
K*=D11C-3(z=11, y=-3) ; não metálico

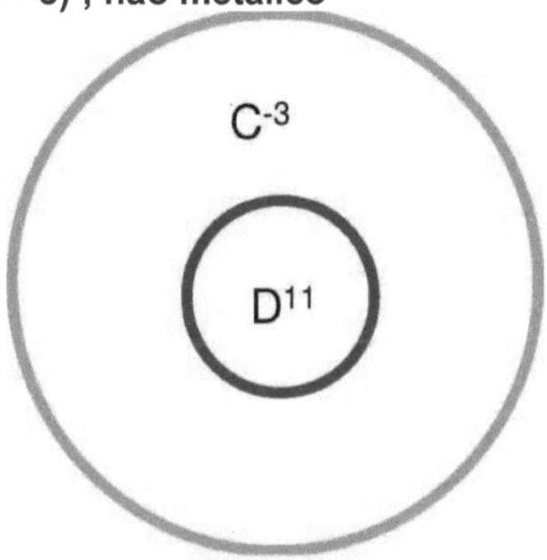

$Fe_6(O)_2(CO)_{18}H^{3-}$
Figura 21.

VE=14z+2+12y+10(-m)=14(11)+2+12(-3)+10(-2)=100
K=n+t=8+4
Fe: k=5, V=2k=10; O: k=1, V=2k=2
O^{+1}: k=1+0,5=1,5, V=2k=3

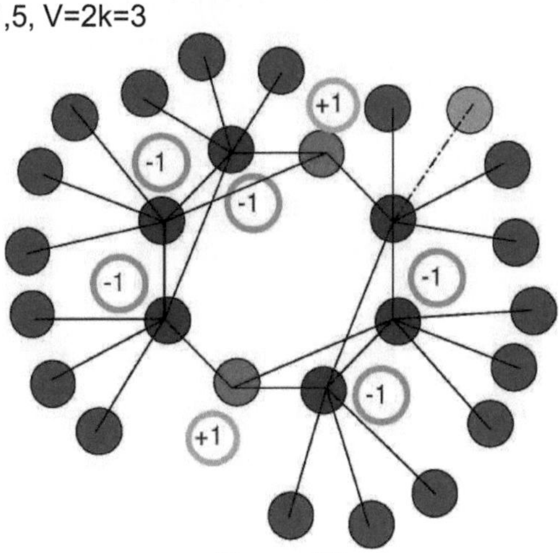

Figura 22.

U-3: $Fe_3(O)(CO)_9(AuL)^{1-}$

n=5, m=1

K=3(5)+1(1)+9(-1)+1(3.5-1)+1(-0.5)=9

K(n)=9(5)

K=n+t=5+4(n=5, t=4)

VE=18n-2K+10(-2m)=18(5)-2(9)-10(1)=62

VF=62

K=2n-1

S=4n+2

VE=14n+2-10m=14(5)+2-10=62

K*=D5C0(z=5, y=0) ; não metálico

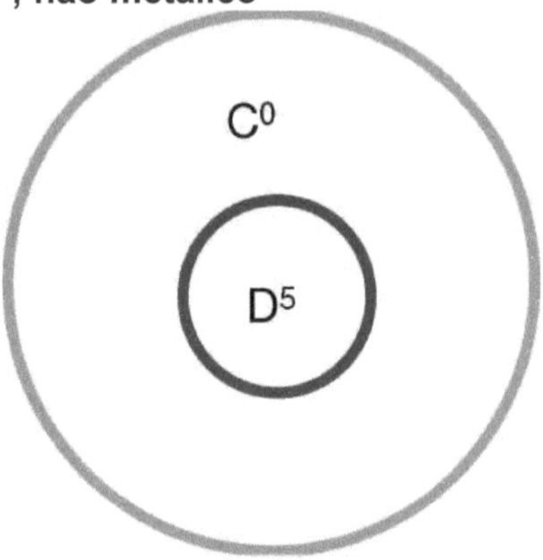

$Fe_3(O)(CO)_9(AuL)^{1-}$

Figure 23.

VE=14z+2+12y+10(-m)=14(5)+2+12(0)+10(-1)=62

K=n+t=5+4

Fe: k=5, V=2k=10; O: k=1, V=2k=2

O^{+1}: k=1+0,5=1,5, V=2k=3; Au:k=3,5, V=2k=7

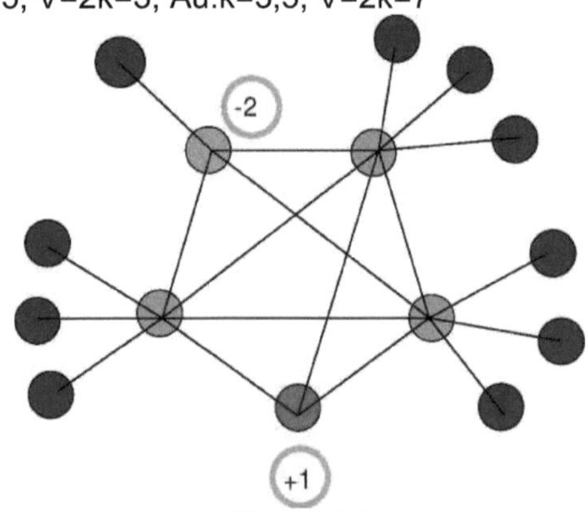

Figura 24.

U-4: $Fe_3(CO)_9(O)(AuL)_2$

n=6, m=1

K=3(5)+1(1)+9(-1)+2(3.5-1)=12

K(n)=12(6)

K=n+t=6+6(n=6, t=6)

VE=18n-2K+10(-1m)=18(6)-2(12)-10(1)=74

VF=74

K=2n-0

S=4n+0

VE=14n+0-10m=14(6)+0-10=74

K*=D5C1(z=5, y=1) ; não metálico

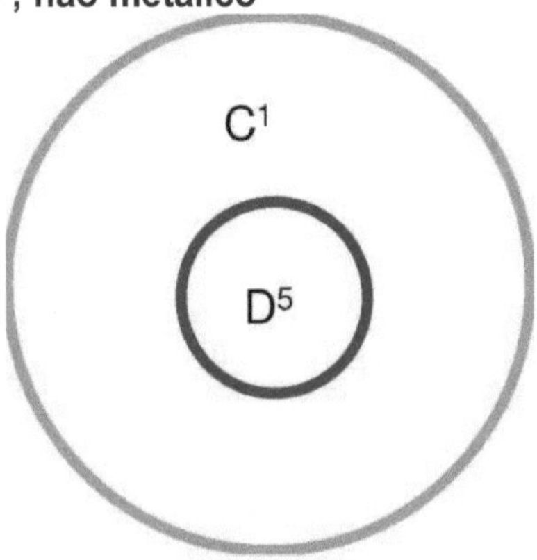

$Fe_3(CO)_9(O)(AuL)_2$

Figura 24.

VE=14z+2+12y+10(-m)=14(5)+2+12(1)+10(-1)=74

K=n+t=6+6

Fe: k=5, V=2k=10; O: k=1, V=2k=2

$O^{(+2)}$: k=1+2(0,5)=2, V=2k=4; Au^{1-}:k=3,5+1(-0,5)=3, V=2k=6

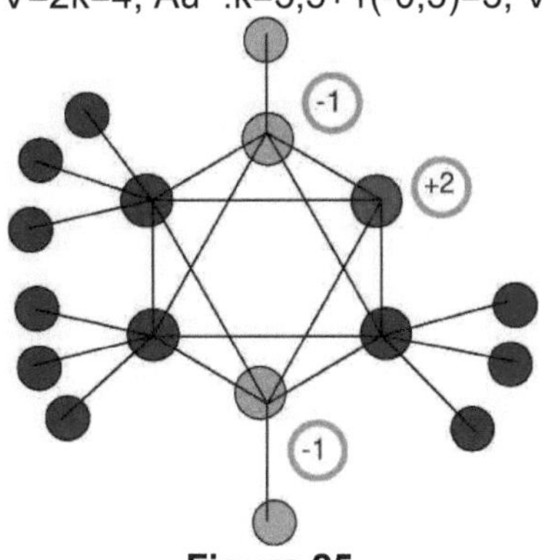

Figura 25.

U-5: $Fe3Rh3(CO)i2(O)-^{1}$

n=7, m=1

K=3(5)+3(4.5)+12(-1)+1(1)+1(-0.5)=17

K(n)=17(7)

K=n+t=7+10(n=7, t=10)

VE=18n-2K+10(-1m)=18(7)-2(17)-10(1)=82

VF=82

K=2n+3

S=4n-6

VE=14n-6-10m=14(7)-6-10=82

K*=D3C4(z=3, y=4) ; não metálico

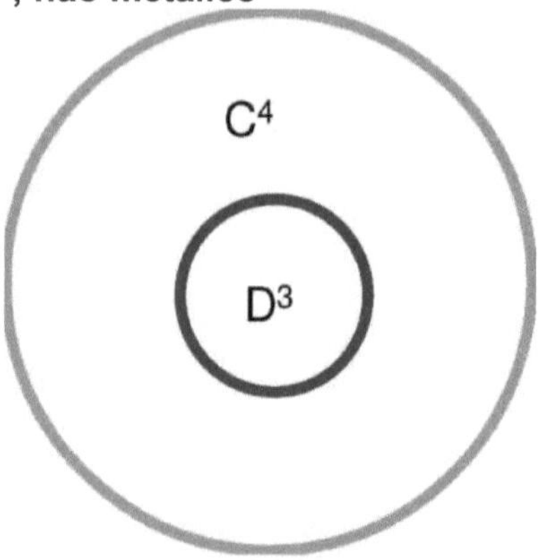

$Fe_3Rh_3(CO)_{12}(O)^{-1}$

Figure 26.

VE=14z+2+12y+10(-m)=14(3)+2+12(4)+10(-1)=82

K=n+t=7+10

Fe: k=5, V=2k=10; O: k=1, V=2k=2

O^{+2}: k=1+2(0,5)=2, V=2k=4; Rh:k=4,5, V=9

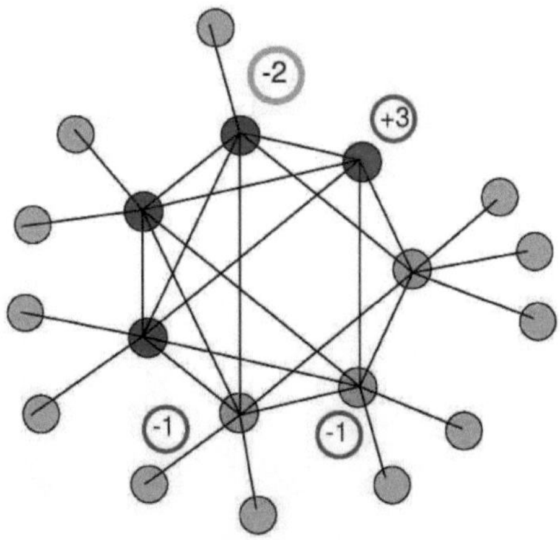

Figura 27.

U-6: $_{Fe3Mn}(CO)_{12}(O)_{-}^{1}$

n=5, m=1

K=3(5)+1(5.5)+12(-1)+1(1)+1(-0.5)=9

K(n)=9(5)

K=n+t=5+4(n=5, t=4)

VE=18n-2K+10(-1m)=18(5)-2(9)-10(1)=62

VF=62

K=2n-1

S=4n+2

VE=14n+2-10m=14(5)+2-10=62

K*=D5C0(z=5, y=0) ; não metálico

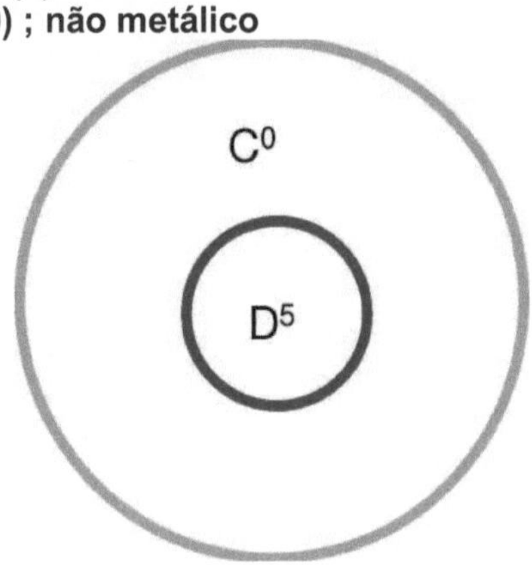

$_{Fe3Mn}(CO)_{12}(O)_{-}^{1}$

Figura 28.

VE=14z+2+12y+10(-m)=14(5)+2+12(0)+10(-1)=62

K=n+t=5+4

Fe: k=5, V=2k=10; O: k=1, V=2k=2
O: k=1, V=2k=2; Mn:k=5,5, V=11

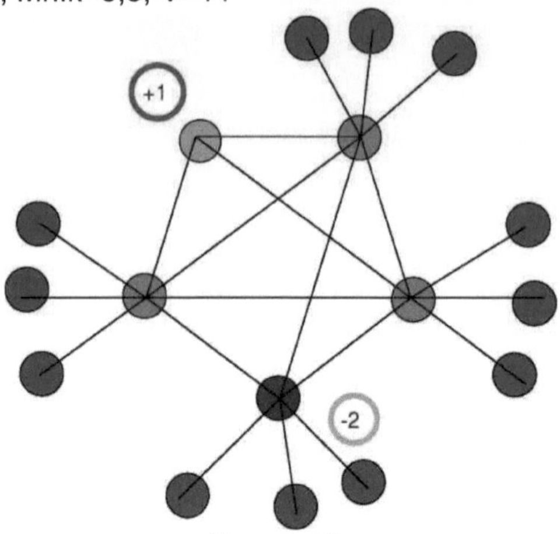

Figura 29.

U-7: $Fe3Re(CO)_{i2}(O)_{-}^{1}$
n=5, m=1
K=3(5)+1(5.5)+12(-1)+1(1)+1(-0.5)=9
K(n)=9(5)
K=n+t=5+4(n=5, t=4)
VE=18n-2K+10(-1m)=18(5)-2(9)-10(1)=62
VF=62
K=2n-1
S=4n+2
VE=14n+2-10m=14(5)+2-10=62
K*=D5C0(z=5, y=0) ; não metálico

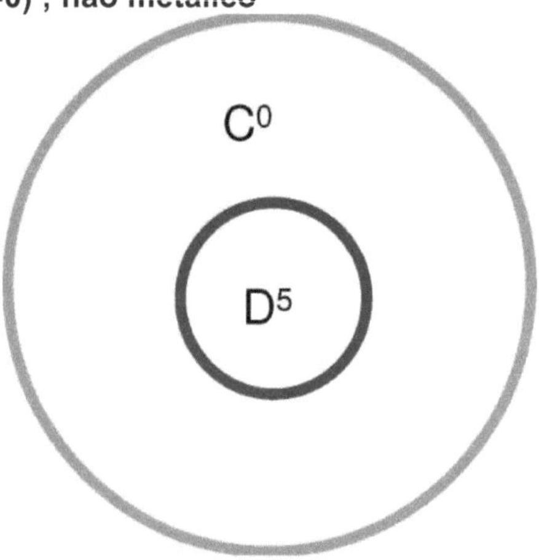

$Fe_3Re(CO)_{12}(O)^{-1}$

Figura 30.

VE=14z+2+12y+10(-m)=14(5)+2+12(0)+10(-1)=62
K=n+t=5+4
Fe: k=5, V=2k=10; O: k=1, V=2k=2
O: k=1, V=2k=2; Re:k=5,5, V=11

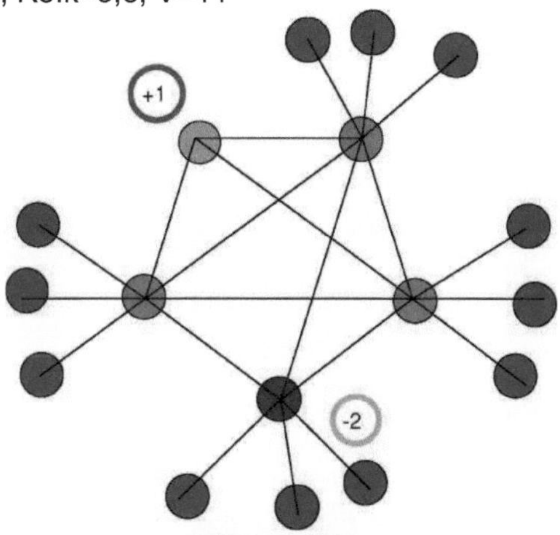

Figura 31.

U-8: $Fe_2Ru_3(CO)_{12}(O)_{-}^{2}$ n=6, m=1
K=2(5)+3(5)+12(-1)+1 (1)+2(-0.5)=13
K(n)=13(6)
K=n+t=6+7(n=6, t=7)
VE=18n-2K+10(-1m)=18(6)-2(13)-10(1)=72
VF=72
K=2n+1
S=4n-2
VE=14n-2-10m=14(6)-2-10=72
K*=D4C2(z=4, y=2) ; não metálico

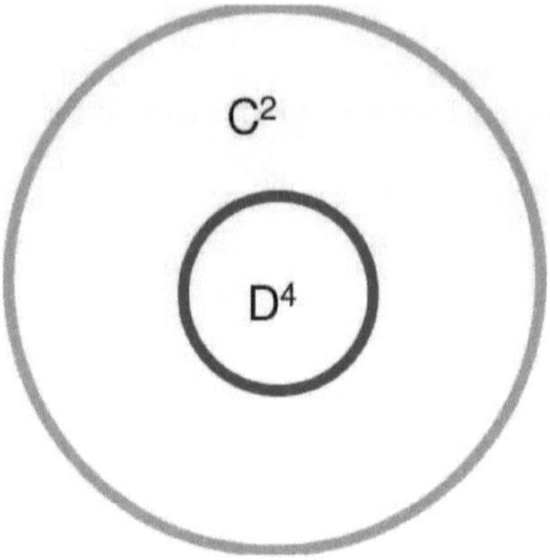

$Fe_2Ru_3(CO)_{12}(O)^{-2}$

Figure 32.

VE=14z+2+12y+10(-m)=14(4)+2+12(2)+10(-1)=72
K=n+t=6+7
Fe=Ru: k=5, V=2k=10; O: k=1, V=2k=2

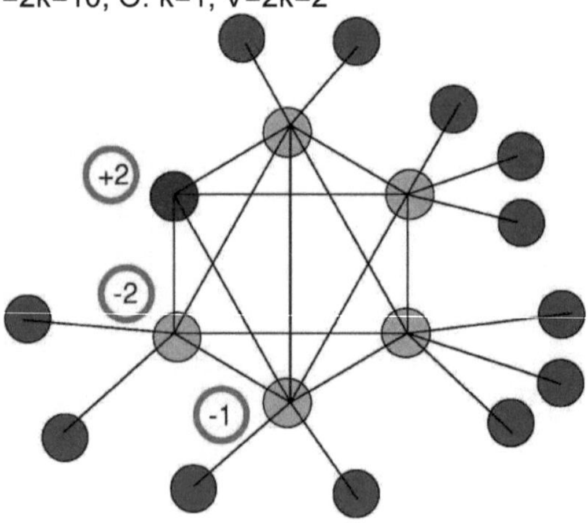

Figura 33.

U-9: $FeRu_2(CO)_{8}L_2(OH)_2$
n=5, m=2
K=1(5)+2(5)+8(-1)+2(-1)+2(1-0.5)=6
K(n)=6(5)
K=n+t=5+1(n=5, t=1)
VE=18n-2K+10(-m)=18(5)-2(6)-10(2)=58
VF=58
K=2n-4
S=4n+8
VE=14n+8-10m=14(5)+8-20=58

K*=D8C-3(z=8, y=-3) ; não metálico

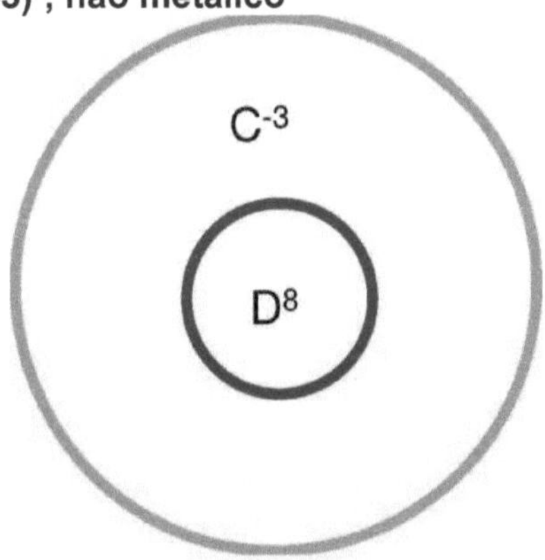

$FeRu_2(CO)_8L_2(OH)_2$

Figura 34.

VE=14z+2+12y+10(-m)=14(8)+2+12(-3)+10(-2)=58
K=n+t=5+1
Fe=Ru: k=5, V=2k=10; O: k=1, V=2k=2

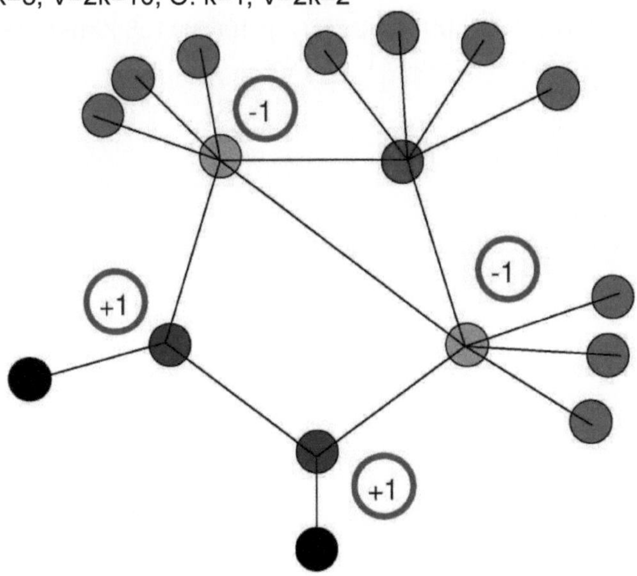

Figura 35.

U-10: $Pu_6(0O)_{I(8)})_{E(2)}(\mu\text{-}OH)_2(\mu\text{-}8)$
n=9, m=3
K=6(5)+18(-1)+2(-1)+2(1 -0.5)+1 (1)=12
K(n)=12(9)
K=n+t=9+3(n=9, t=3)

VE=18П-2K+10(-m)=18(9)-2(12)-10(3)=108
VF=108
K=2n-6
S=4n+12
VE=14n+12-10m=14(9)+12-3(10)=108
K*=D14C-5(z=14, y=-5) ; não metálico

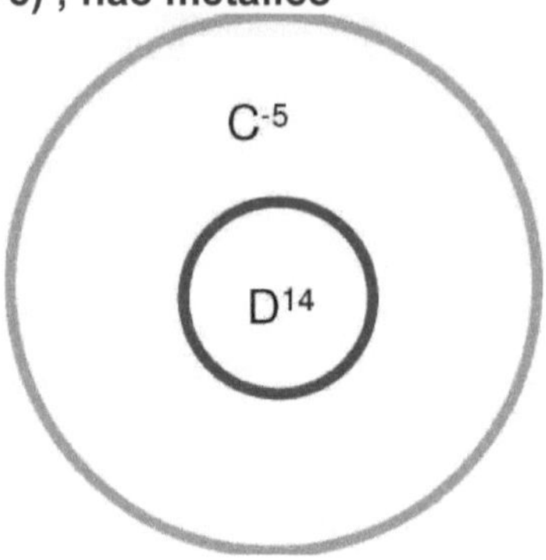

Huβ(0O)ï8ï2(μ-OH)2(μ-8)
Figura 36.

VE=14z+2+12y+10(-m)=14(14)+2+12(-5)+10(-3)=108 K=n+t=9+3
Fe=Ru: k=5, V=2k=10; O=S: k=1, V=2k=2
U-11: Oε4(0O)12(μ3-O)4
n=8, m=4
K=4(5)+12(-1)+4(1)=12
K(n)=12(8)
K=n+t=8+4(n=8, t=4)
VE=18n-2K-10(m)=18(8)-2(12)-10(4)=80
VF=80
K=2n-4
S=4n+8
VE=14n+8-10m=14(8)+8-10(4)=80
K*=D11C-3(z=11, y=-3) ; não metálico

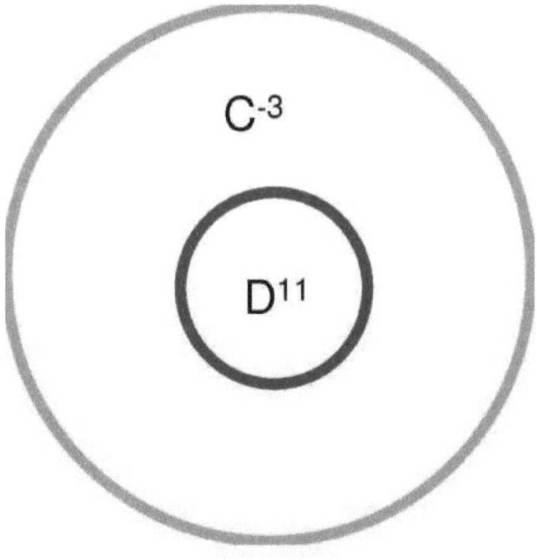

$Os_4(CO)_{12}(\mu_3\text{-}O)_4$

Figure 37.

VE=14z+2+12y+10(-m)=14(11)+2+12(-3)+10(-4)=80
K=n+t=8+4
Fe=Os: k=5, V=2k=10; O: k=1, V=2k=2

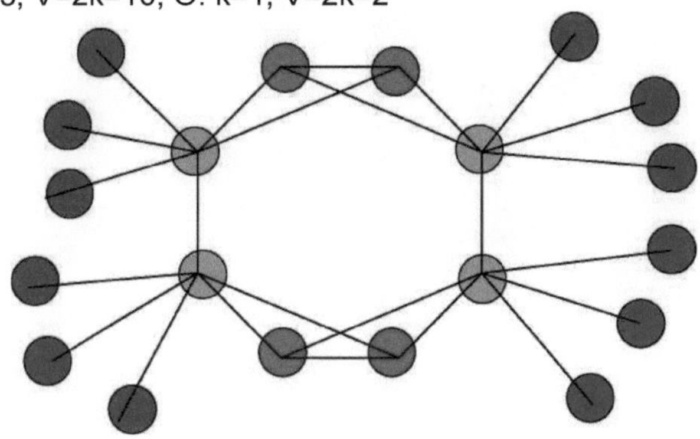

Figura 38.

U-12: Озв(CO)19(цз-O)
n=7, m=1
K=6(5)+19(-1)+1(1)=12
K(n)=12(7)
K=n+t=7+5(n=7, t=5)
VE=18n-2K-10(m)=18(7)-2(12)-10(1)=92
VF=92
K=2n-2
S=4n+4
VE=14n+4-10m=14(7)+4-10(1)=92
K*=D8C-1(z=8, y=-1) ; não metálico

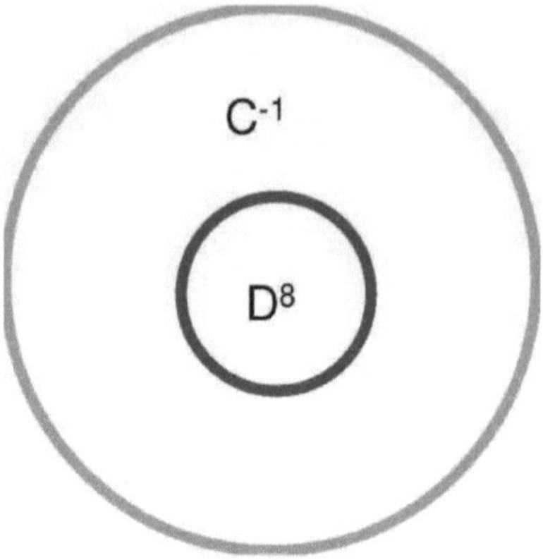

$Os_6(CO)_{19}(\mu_3\text{-}O)$

Figura 39.

VE=14z+2+12y+10(-m)=14(8)+2+12(-1)+10(-1)=92
K=n+t=7+5
Fe=Os: k=5, V=2k=10; O: k=1, V=2k=2

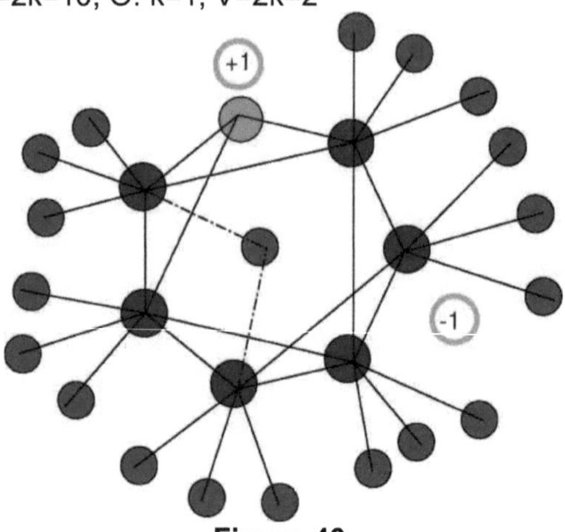

Figura 40.

U-13: $Os_3(CO)_8(L)(OH)(H)(S)$
n=5, m=2
K=3(5)+8(-1)+1(-1)+1(1-0.5)+1(-0.5)+1(1)=7
K(n)=7(5) $Na_{102}Zn_{72}Ga_2$
K=n+t=5+2(n=5, t=2)
VE=18n-2K-10(m)=18(5)-2(7)-10(2)=56
VF=56
K=2n-3
S=4n+6

VE=14n+6-10m=14(5)+6-10(2)=56

K*=D7C-2(z=7, y=-2) ; não metálico

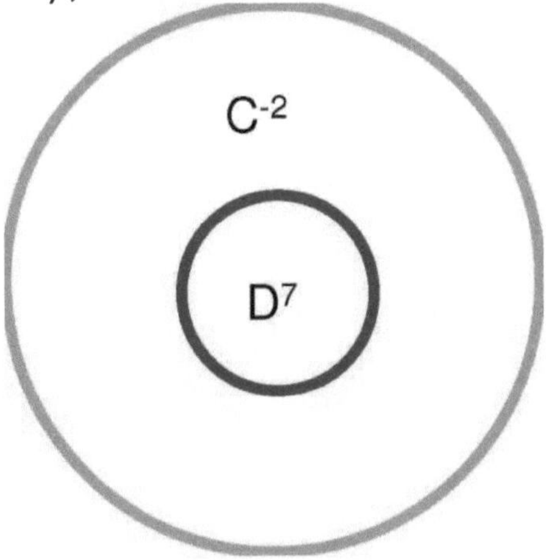

$Os_3(CO)_8(L)(OH)(H)(S)$

Figura 41.

VE=14z+2+12y+10(-m)=14(7)+2+12(-2)+10(-2)=56

K=n+t=5+2

Fe=Os: k=5, V=2k=10; S=O: k=1, V=2k=2

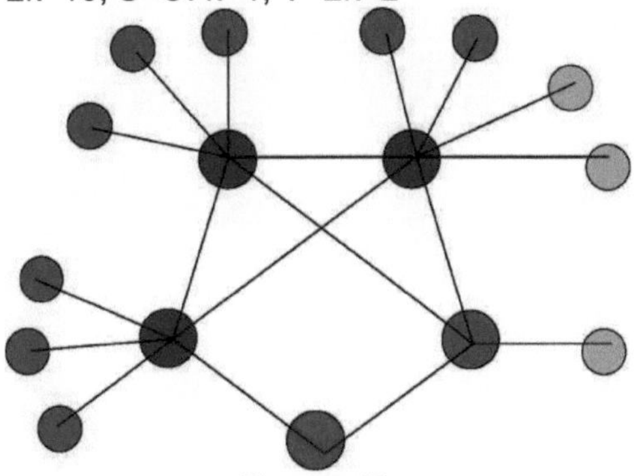

Figura 42.

U-14: $Os_4(CO)_{12}(OH)(H)(H)_2$

n=5, m=1

K=4(5)+12(-1)+1(1-0.5)+3(-0.5)=7

K(n)=7(5)

K=n+t=5+2(n=5, t=2)

VE=18n-2K-10(m)=18(5)-2(7)-10(1)=66

VF=66

K=2n-3

S=4n+6

VE=14n+6-10m=14(5)+6-10(1)=66

K*=D7C-2(z=7, y=-2) ; não metálico

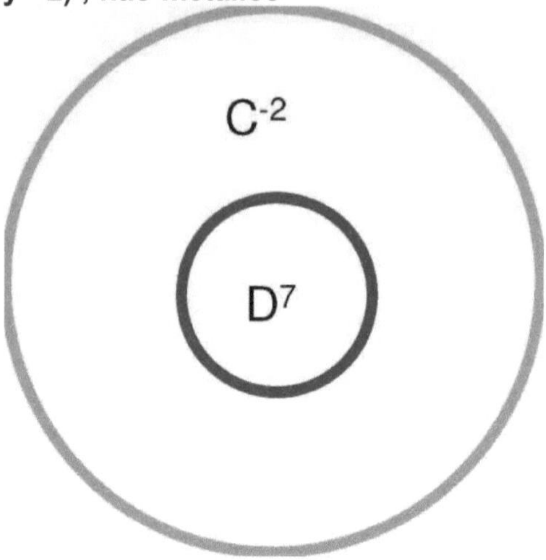

$Os_4(CO)_{12}(OH)(H)(H)_2$

Figura 43.

VE=14z+2+12y+10(-m)=14(7)+2+12(-2)+10(-1)=66

K=n+t=5+2

Fe=Os: k=5, V=2k=10; O: k=1, V=2k=2

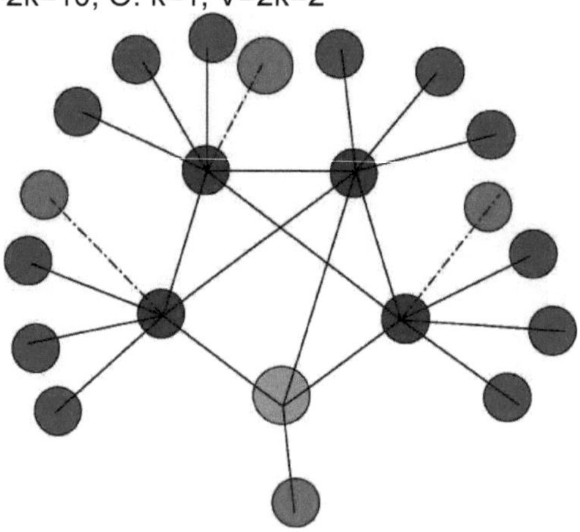

Figura 44.

U-15: $O_{34}(00)_{l2}(\mu\text{-OH})(H)_4^{+1}$

n=5, m=1

K=4(5)+12(-1)+1(1-0.5)+4(-0.5)+1(0.5)=7

K(n)=7(5)

K=n+t=5+2(n=5, t=2)

VE=18n-2K-10(m)=18(5)-2(7)-10(1)=66
VF=66
K=2n-3
S=4n+6
VE=14n+6-10m=14(5)+6-10(1)=66
K*=D7C-2(z=7, y=-2) ; não metálico

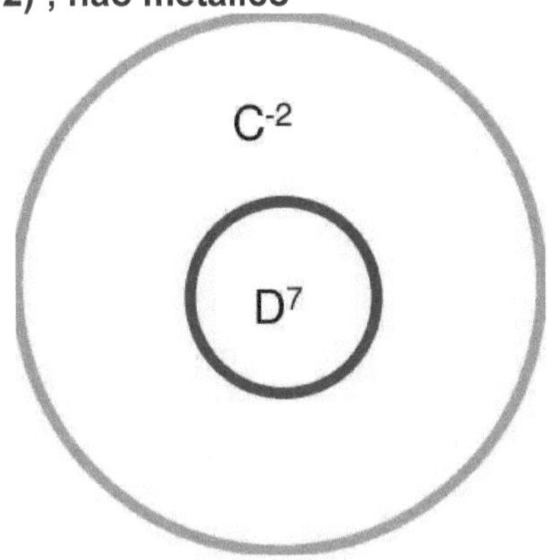

$Os_4(CO)_{12}(\mu\text{-}OH)(H)_4^{+1}$

Figure 45.

VE=14z+2+12y+10(-m)=14(7)+2+12(-2)+10(-1)=66
K=n+t=5+2
Os: k=5, V=2k=10; O: k=1, V=2k=2

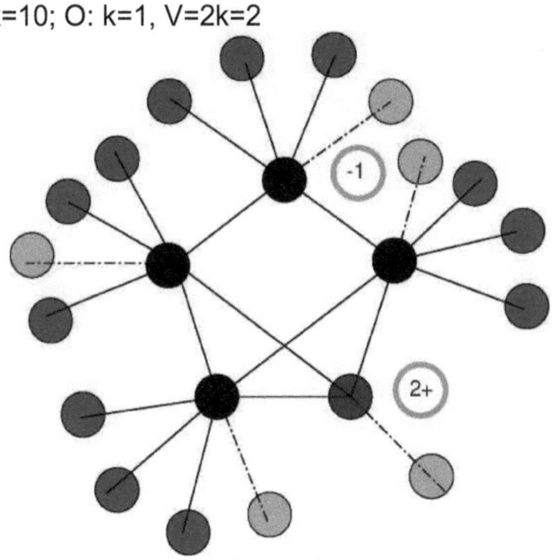

Figura 46.

Sub-16: $o_{36}(00)_{18}(\mu 4\text{-}O)(\mu\text{-}OH)_2$
n=9, m=3

K=6(5)+18(-1)+1(1)+2(1-0.5)=14
K(n)=14(9)
K=n+t=9+5(n=9, t=5)
VE=18n-2K-10(m)=18(9)-2(14)-10(3)=104
VF=104
K=2n-4
S=4n+8
VE=14n+8-10m=14(9)+8-10(3)=104
K*=D12C-3(z=12, y=-3) ; não metálico

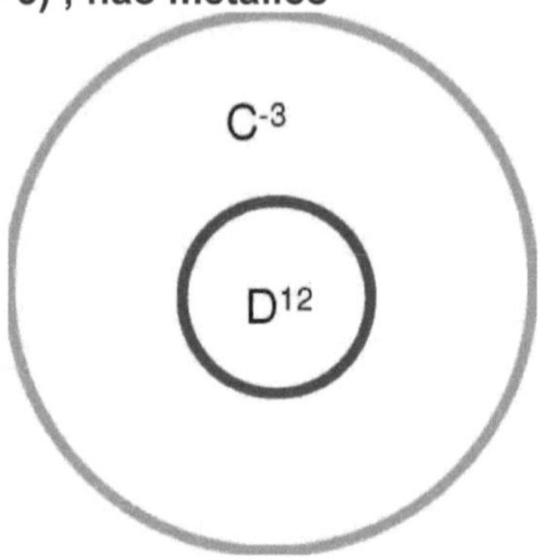

$O_{36}(00)_{18}(\mu 4\text{-}O)(\mu\text{-}0H)_2$
Figura 47.

VE=14z+2+12y+10(-m)=14(12)+2+12(-3)+10(-3)=104
K=n+t=9+5
O3: k=5, V=2k=10; O: k=1, V=2k=2

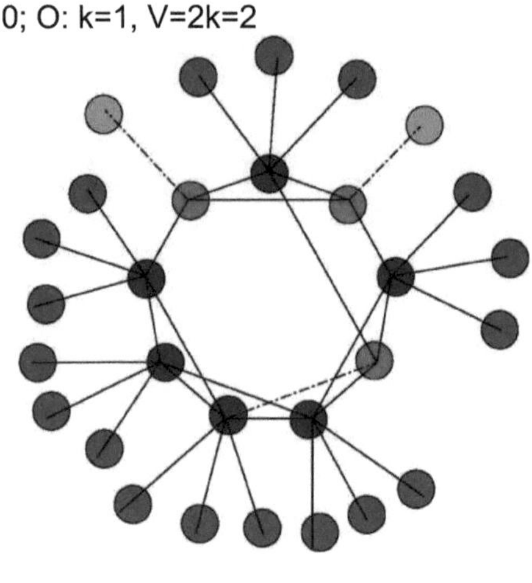

Figura 48.

U-17: $Co_3Fe(CO)i2'^1$
n=4
K=3(4.5)+1 (5)+12(-1)+1 (-0.5)=6

K(n)=6(4)
K=n+t=4+2(n=4, t=2)
VE=18n-2K=18(4)-2(6)=60
VF=60
K=2n-2
S=4n+4
VE=14n+4=14(4)+4=60
K*=D5C-1(z=5, y=-1) ; não metálico

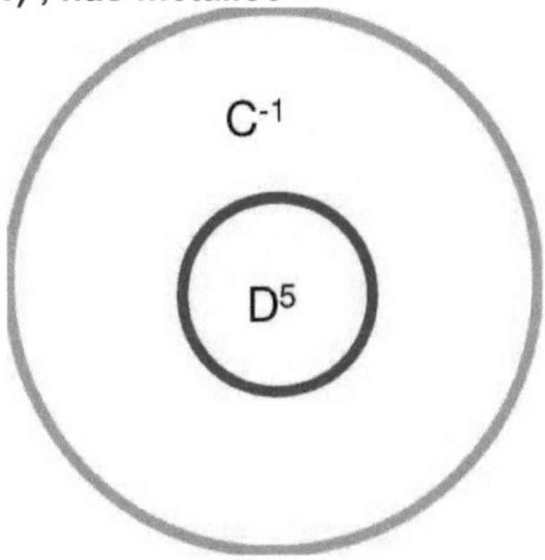

$Co_3Fe(CO)i2'^1$
Figura 49.
VE=14Z+2+12y=14(5)+2+12(-1)=60
K=n+t=4+2
Fe: k=5, V=2k=10; Co: k=4,5, V=2k=9

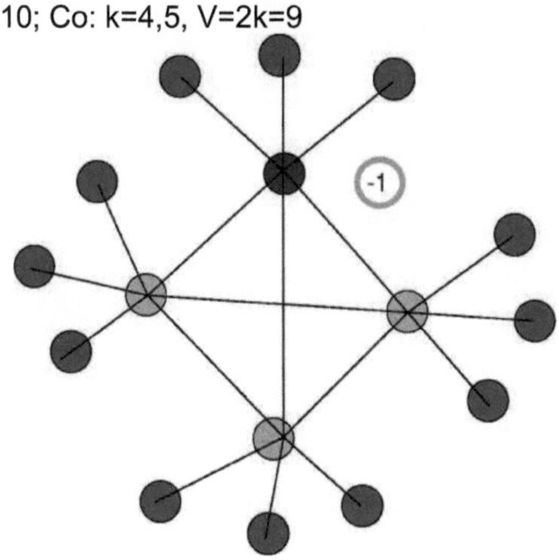

Figura 50.
U-18: $Rh5Pt(CO)i5-^1$
n=6
K=5(4.5)+1(4)+15(-1)+1(-0.5)=11

K(n)=11(6)
K=n+t=6+5(n=6, t=5)
VE=18n-2K=18(6)-2(11)=86
VF=86
K=2n-1
S=4n+2
VE=14n+2=14(6)+2=86
K*=D6C0(z=6, y=0) ; não metálico

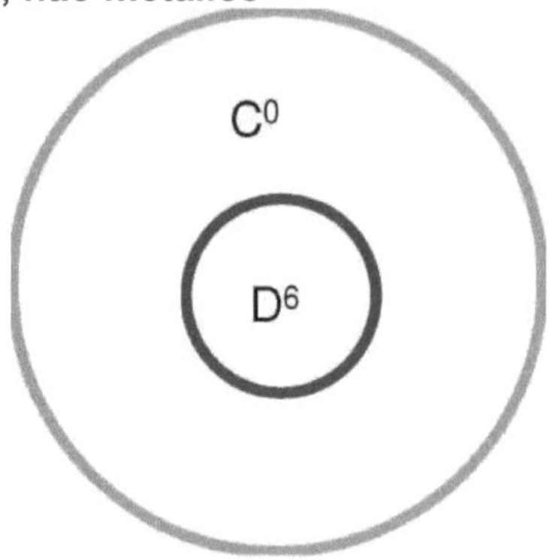

$Rh_5Pt(CO)_{15}^{-1}$

Figure 51.

VE=14z+2+12y=14(6)+2+12(0)=86
K=n+t=6+5
Rh: k=4,5, V=2k=9; Pt: k=4, V=2k=8

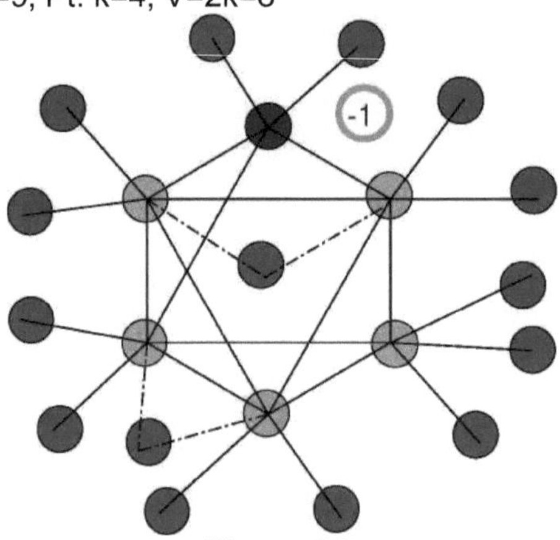

Figura 52.

U-19: $Co_8Pt_4(C_2)(CO)_{24}^{-2}$
n=12

K=8(4.5)+4(4)+2(-2)+24(-1)+2(-0.5)=23
K(n)=23(12)
K=n+t=12+11(n=12, t=11)
VE=18n-2K=18(12)-2(23)=170
VF=170
K=2n-1
S=4n+2
VE=14n+2=14(12)+2=170
K*=D12C0(z=12, y=0) ; não metálico

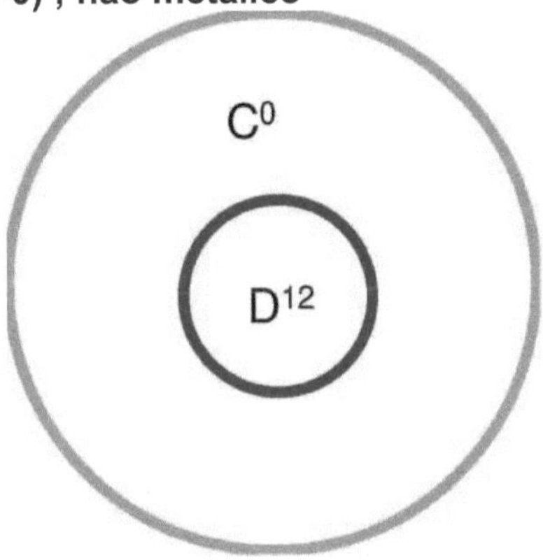

$CO_8Pt_4(C_2)(CO)_{24-}^{2}$
Figura 53.
VE=14z+2+12y=14(12)+2+12(0)=170
K=n+t=12+11
Co: k=4,5, V=2k=9; Pt: k=4, V=2k=8

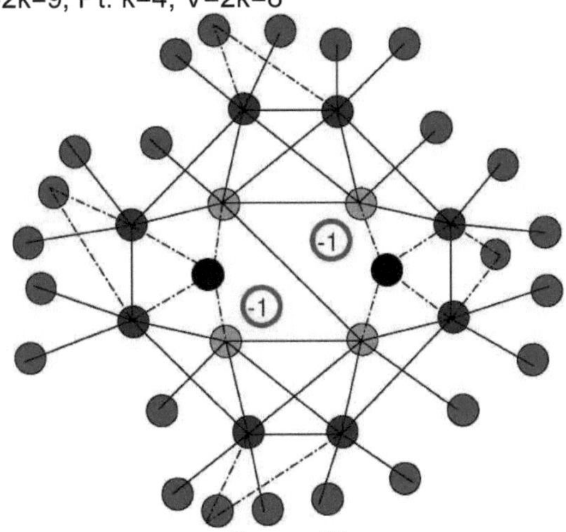

Figura 54.

U-20: $Fe_4L_4(CO)_8$

n=4

K=4(5)+4(-1)+8(-1)=8

K(n)=8(4)

K=n+t=4+4(n=4, t=4)

VE=18n-2K=18(4)-2(8)=56

VF=56

K=2n-0

S=4n+0

VE=14n+0=14(4)+0=56

K*=D3C1(z=3, y=1) ; não metálico

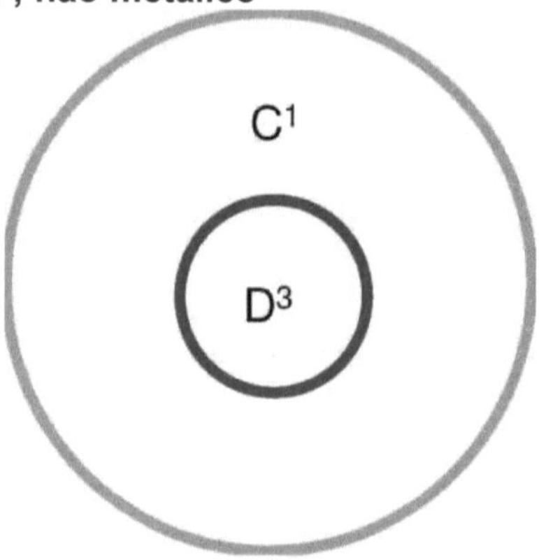

$Fe_4L_4(CO)_8$

Figure 55.

VE=14z+2+12y=14(3)+2+12(1)=56

K=n+t=4+4

Fe: k=5, V=2k=10

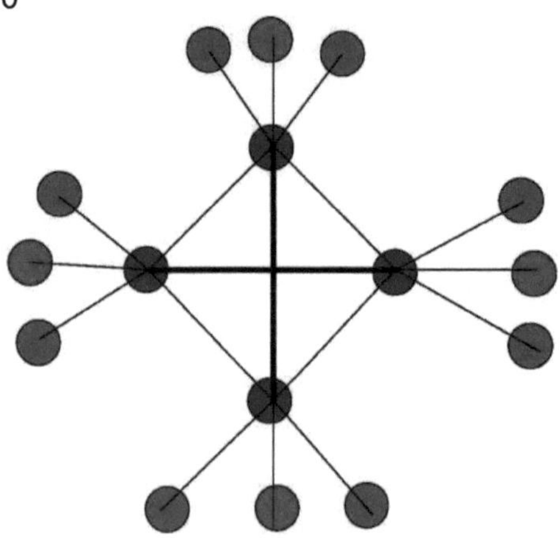

Figura 56.

U-21 : $Osi8Pd_3C_2(CO)42^{2}$-
n=21
K=18(5)+3(4)+2(-2)+42(-1)+2(-0.5)=55
K(n)=55(21)
K=n+t=21+34(n=21, t=34)
VE=18n-2K=18(21)-2(55)=268
VF=268
K=2n+13
S=4n-26
VE=14n-26=14(21)-26=268
K*=D7C14(z=7, y=14) ; não metálico

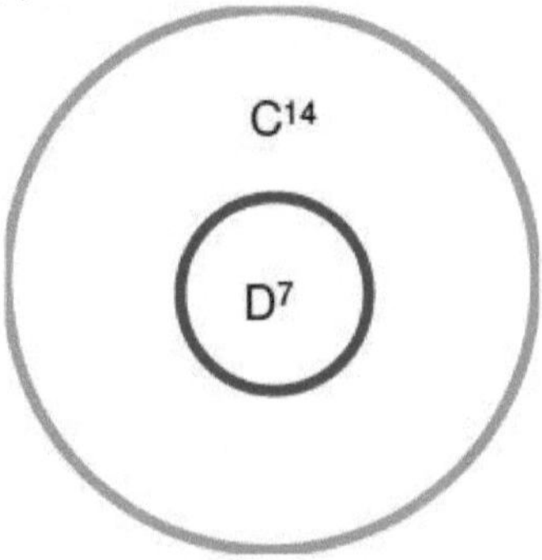

$Os_{18}Pd_3C_2(CO)_{42}^{2-}$

Figura 57.

VE=14z+2+12y=14(7)+2+12(14)=268
K=n+t=21+34
Os: k=5, V=2k=10; Pd: k=4, V=2k=8

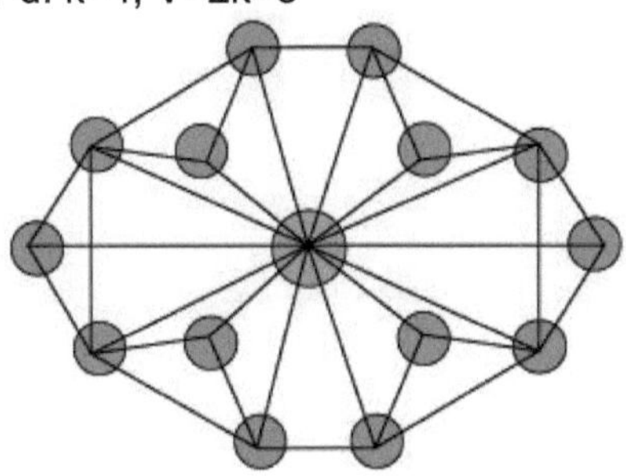

D^7C^{14}

Figura 58.

Trata-se de um conjunto de 7 elementos nucleares esqueléticos rodeados por 14 outros elementos esqueléticos. Os elementos D^7 compreendem provavelmente os 3 elementos Pd e os 4 elementos Os.
U-22: $Nii_2Ga(CO)_{22}^{(3}$)-

n=13, m=1

K=12(4)+1(2.5)+22(-1)+3(-0.5)=27

K(n)=27(13)

K=n+t=13+14(n=13, t=14)

VE=18n-2K+10m=18(13)-2(27)+10(-1)=170

VF=170

K=2n+1

S=4n-2

VE=14n-2+10m=14(13)-2+10(-1)=170

K*=D11C2(z=11, y=2) ; não metálico

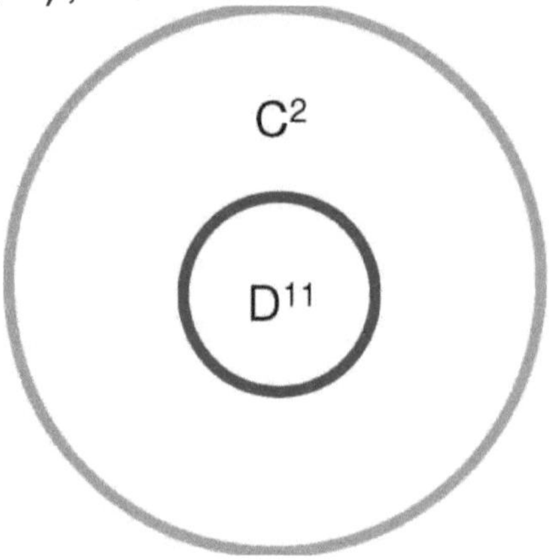

$Ni_{12}Ga(CO)_{22}^{3-}$

Figura 59.

VE=14z+2+12y+10m=14(11)+2+12(2)+10(-1)=170

K=n+t=13+14

Ni: k=4, V=2k=8; Ga: k=2,5, V=2k=5

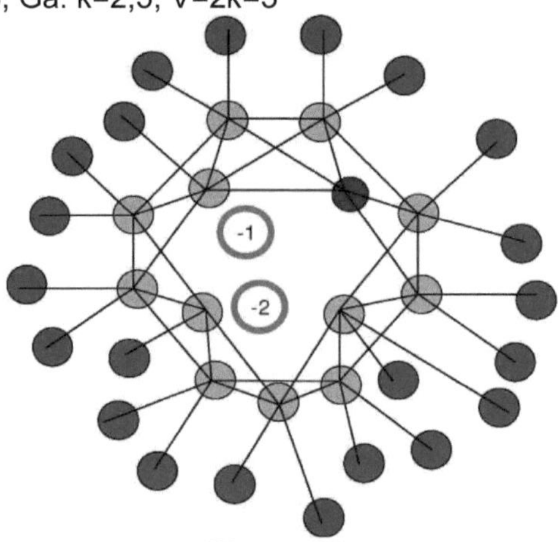

Figura 60.

U-23: Nii3Sb$_2$(CO)$_{24}$$^{(2)}$-
n=15, m=2
K=13(4)+2(1.5)+24(-1)+2(-0.5)=30
K(n)=30(15)
K=n+t=15+15(n=15, t=15)
VE=18n-2K+10m=18(15)-2(30)+10(-2)=190
VF=190
K=2n+0
S=4n+0
VE=14n+0+10m=14(15)+0+10(-2)=190
K*=D14C1(z=14, y=1) ; não metálico

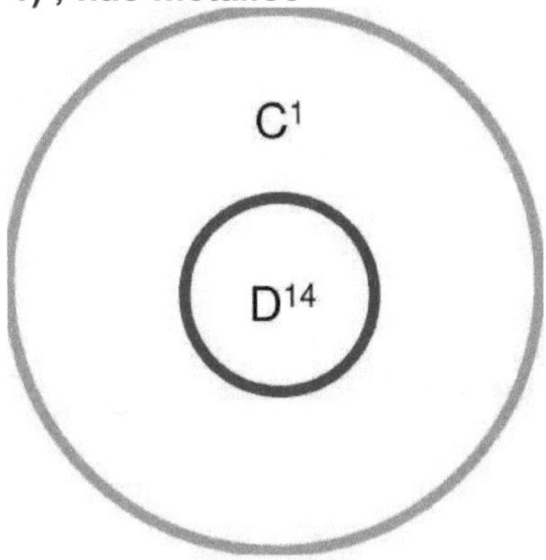

$Ni_{13}Sb_2(CO)_{24}^{2-}$

Figure 61.

VE=14z+2+12y+10m=14(14)+2+12(1)+10(-2)=190
K=n+t=15+15
Ni: k=4, V=2k=8; Sb: k=1,5, V=2k=3

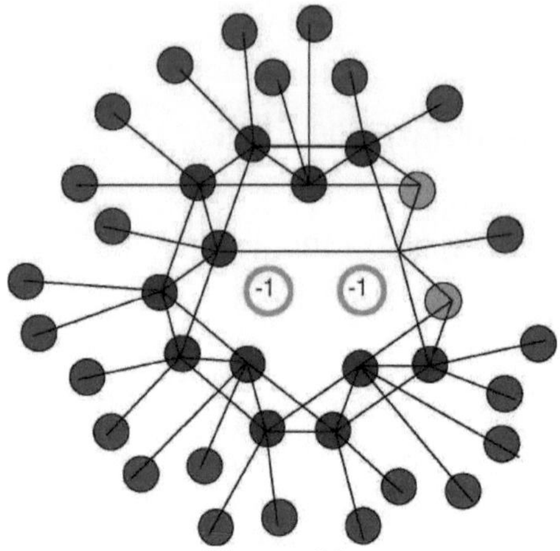

Figura 62.

U-24: $Ni_{31}Sb_4(CO)_{40}^{(6)-}$

n=35, m=4

K=31(4)+4(1.5)+40(-1)+6(-0.5)=87

K(n)=87(35)

K=n+t=35+52(n=35, t=52)

VE=18n-2K+10m=18(35)-2(87)+10(-4)=416

VF=416

K=2n+17

S=4n-34

VE=14n-34+10m=14(35)-34+10(-4)=416

K*=D17C18(z=17, y=18) ; não metálico

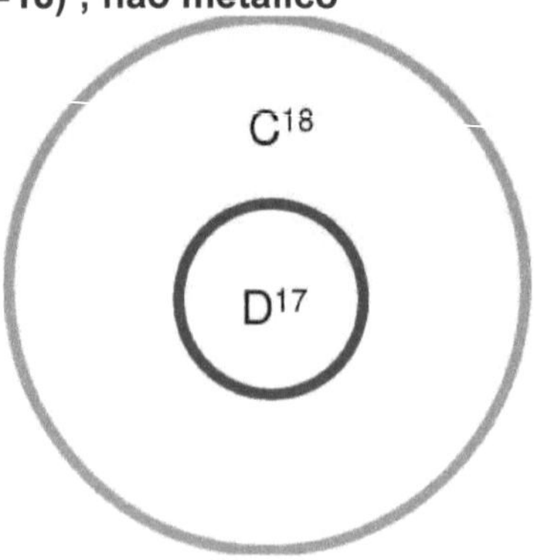

$Ni_{31}Sb_4(CO)_{40}^{6-}$

Figure 63.

VE=14z+2+12y+10m=14(17)+2+12(18)+10(-4)=416

K=n+t=35+52

Ni: k=4, V=2k=8; Sb: k=1,5, V=2k=3

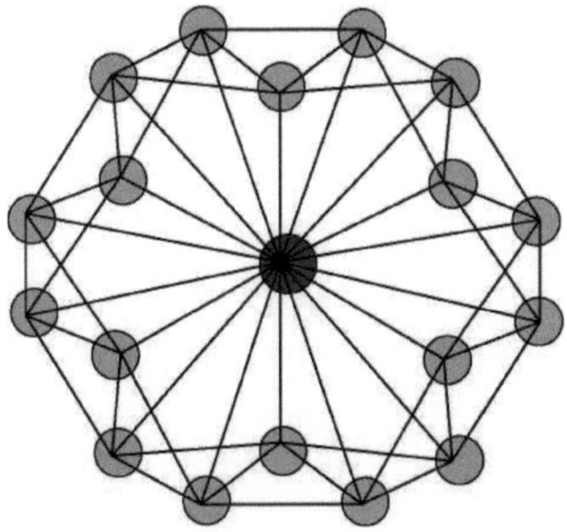

$K^*=D^{17}C^{18}$

Figura 64.

A configuração em cluster significa que os 35 elementos do esqueleto estão divididos em dois grupos de 17 e 18.

U-25: $Ni_{19}Sb_4(CO)_{26}^{4-}$

n=23, m=4

Ni: k=4,V=2k=8; Sb:k=1.5, V=2k=3

K=19(4)+4(1.5)+26(-1)+4(-0.5)=54

K(n)=54(23)

K=n+t=23+31(n=23, t=31)

VE=18n-2K+10m=18(23)-2(54)+10(-4)=266

VF=266

K=2n+8

S=4n-16

VE=14n-16+10m=14(23)-16+10(-4)=266

K*=D14C9(z=14, y=9) ; não metálico

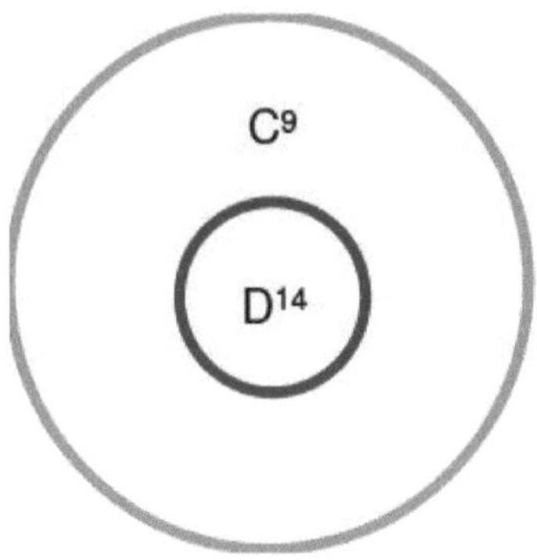

$Ni_{19}Sb_4(CO)_{26}^{4-}$

Figura 65.

VE=14z+2+12y+10m=14(14)+2+12(9)+10(-4)=266

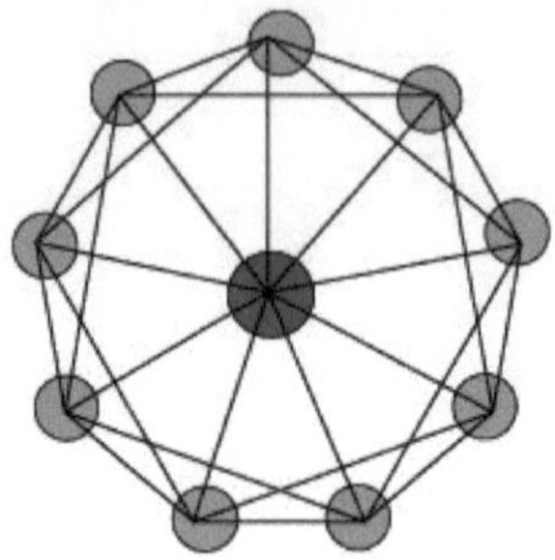

$K^*=D^{14}C^9$

Figura 66.

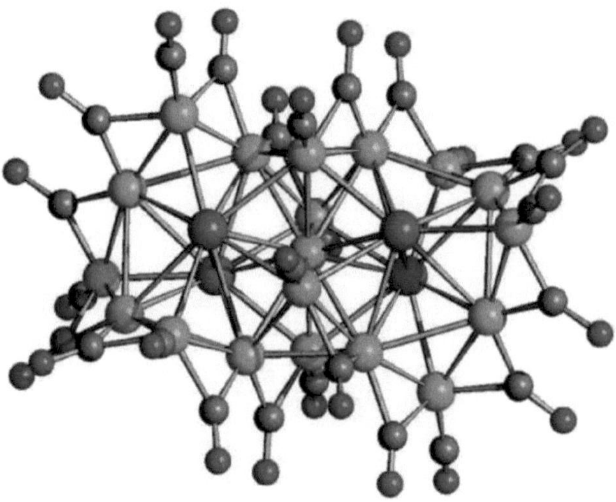

Figura 67.

Adaptado de: Metal Carbonyl Clusters of Groups 8-10; Synthesis and Catalysis: The Royal Society of Chemistry, 2021; C. Cesari, J-H. Shon, e S. Zacchini

U-26: $Fe_4(N)(CO)_{12}^{1-}$
n=5, m=1
K=4(5)+1(1.5)+12(-1)+1(-0.5)=9
K(n)=9(5)
K=n+t=5+4(n=5, t=4)
VE=18n-2K+10m=18(5)-2(9)+10(-1)=62
VF=62

K=2n-1
S=4n+2
VE=14n+2+10m=14(5)+2+10(-1)=62
K*=D5C0(z=5, y=0) ; não metálico

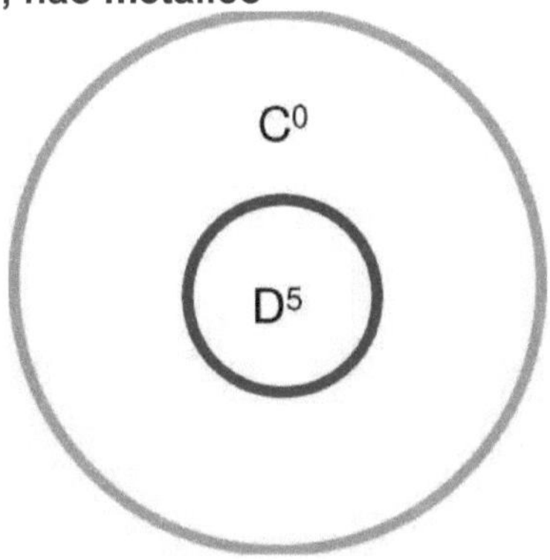

$Fe_4(N)(CO)_{12}^{1-}$

Figure 68.

VE=14z+2+12y+10m=14(5)+2+12(0)+10(-1)=62
K=n+t=5+4
Fe: k=5, V=2k=10; N: k=1,5, V=2k=3

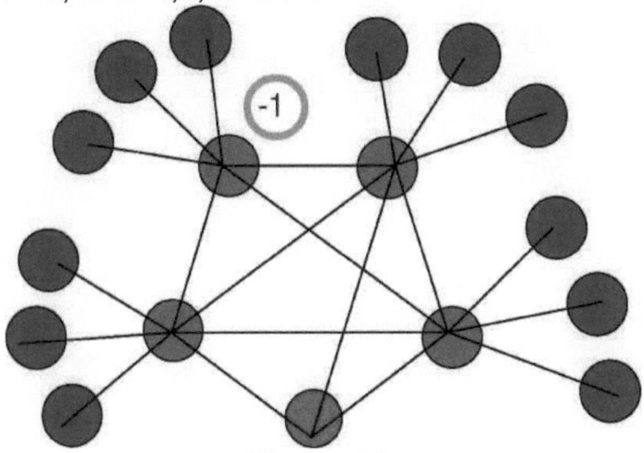

Figura 69.

U-27: $Fe_5(N)(CO)_{14}^{(1)-}$
n=6, m=1
K=5(5)+1(1.5)+14(-1)+1(-0.5)=12
K(n)=12(6)
K=n+t=6+6(n=6, t=6)
VE=18n-2K+10m=18(6)-2(12)+10(-1)=74
VF=74
K=2n+0
S=4n+0

VE=14n+0+10m=14(6)+0+10(-1)=74

K*=D5C1(z=5, y=1) ; não metálico

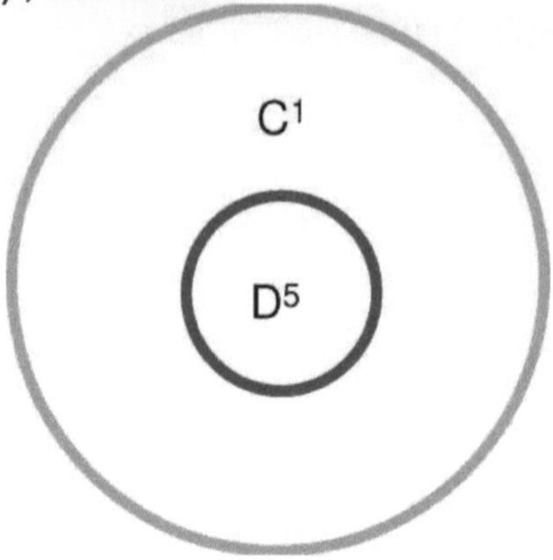

$Fe_5(N)(CO)_{14}{}^{1-}$

Figure 70.

VE=14z+2+12y+10m=14(5)+2+12(1)+10(-1)=74

K=n+t=6+6

Fe: k=5, V=2k=10; N: k=1,5, V=2k=3

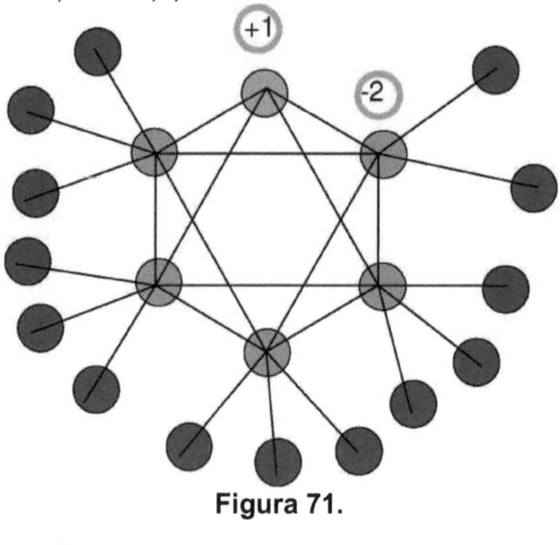

Figura 71.

U-28: $Fe_6(N)(CO)_{15}{}^{3-}$ n=7, m=1

K=6(5)+1(1.5)+15(-1)+3(-0.5)=15

K(n)=15(7)

K=n+t=7+8(n=7, t=8)

VE=18n-2K+10m=18(7)-2(15)+10(-1)=86

VF=86

K=2n+1

S=4n-2

VE=14n-2+10m=14(7)-2+10(-1)=86

K*=D5C2(z=5, y=2) ; não metálico

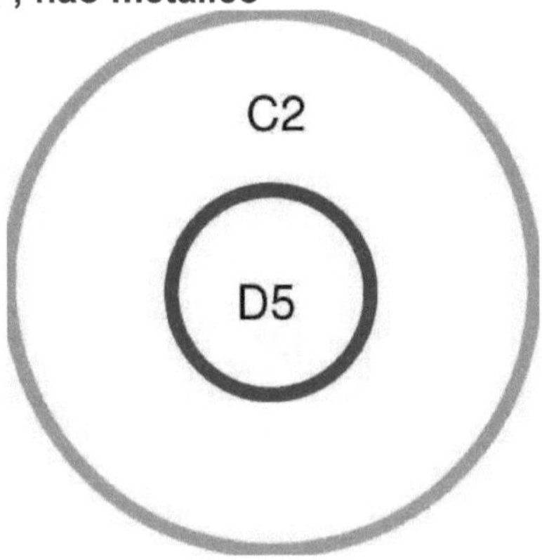

$Fe_6(N)(CO)_{15}^{3-}$

Figura 72.

VE=14z+2+12y+10m=14(5)+2+12(2)+10(-1)=86

K=n+t=7+8

Fe: k=5, V=2k=10; N: k=1,5, V=2k=3

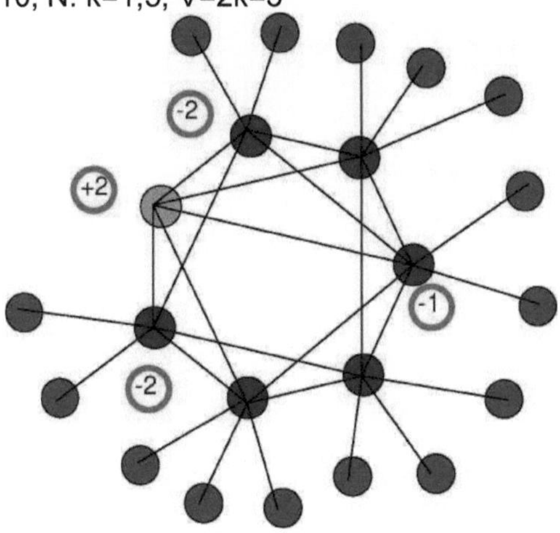

Figura 73.

U-29: $Fe_3(B)(CO)_{10}^{1-}$

n=4, m=1

K=3(5)+1(2.5)+10(-1)+1(-0.5)=7

K(n)=7(4)

K=n+t=4+3(n=4, t=3)

VE=18n-2K+10m=18(4)-2(7)+10(-1)=48

VF=48

K=2n-1
S=4n+2
VE=14n+2+10m=14(4)+2+10(-1)=48
K*=D4C0(z=4, y=0) ; não metálico

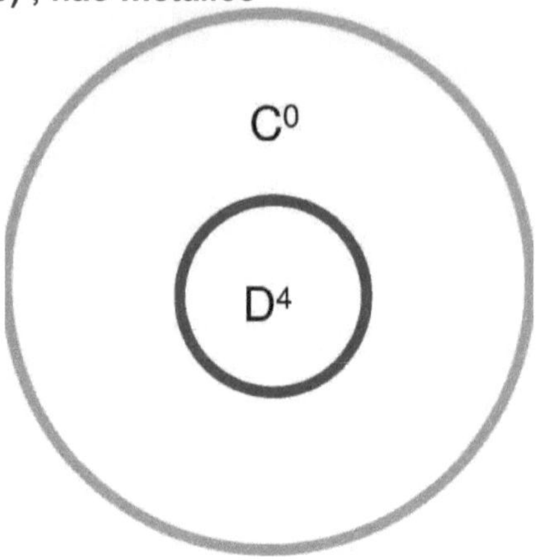

$Fe_3(B)(CO)_{10}^{1-}$

Figura 74.

VE=14z+2+12y+10m=14(4)+2+12(0)+10(-1)=48
K=n+t=4+3
Fe: k=5, V=2k=10; B: k=2,5, V=2k=5

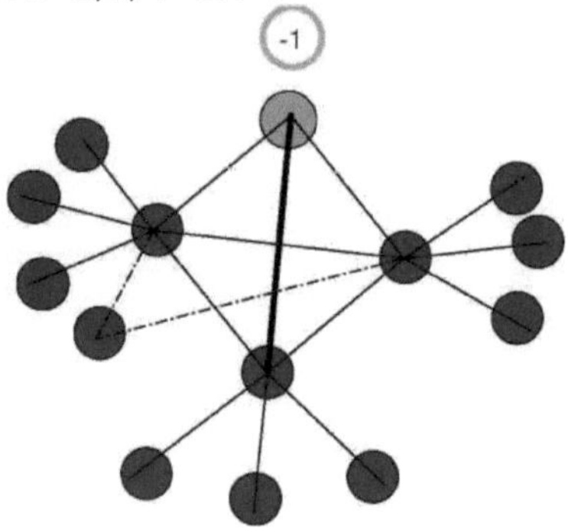

Figura 75.

U-30: $Fe_4Bi_4(CO)_{13}^{(2)-}$ n=8, m=4
K=4(5)+4(1.5)+13(-1)+2(-0.5)=12
K(n)=12(8)
K=n+t=8+4(n=8, t=4)
VE=18n-2K+10m=18(8)-2(12)+10(-4)=80
VF=80
K=2n-4
S=4n+8

VE=14n+8+10m=14(8)+8+10(-4)=80

K*=D11C-3(z=11, y=-3) ; não metálico

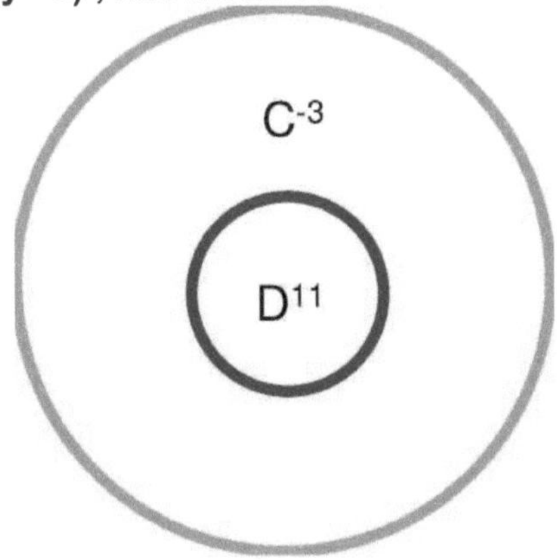

Fe4Bì4(CO)i32-

Figura 76.

VE=14z+2+12y+10m=14(11)+2+12(-3)+10(-4)=80

K=n+t=8+4

Fe: k=5, V=2k=10; Bi: k=1,5, V=2k=3

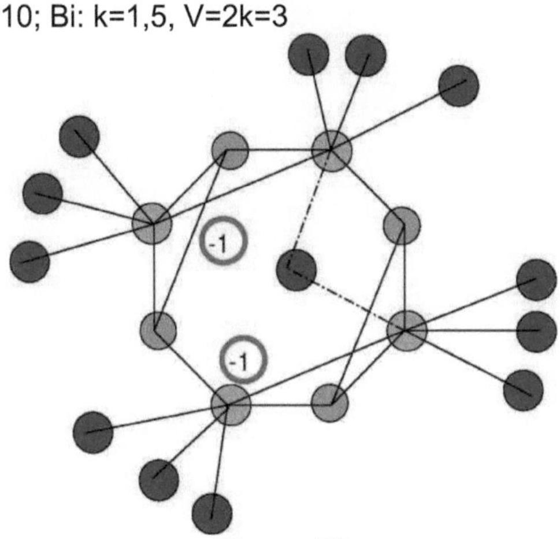

Figura 77.

U-31: Ru6Tei4(CO)i2(2)-

n=20, m=14

K=6(5)+14(1)+12(-1)+2(-0.5)=31

K(n)=31(20)

K=n+t=20+11(n=20, t=11)

VE=18n-2K+10m=18(20)-2(31)+10(-14)=158

VF=158

K=2n-9

S=4n+18

VE=14n+18+10m=14(20)+18+10(-14)=158
K*=D28C-8(z=28, y=-8) ; não metálico

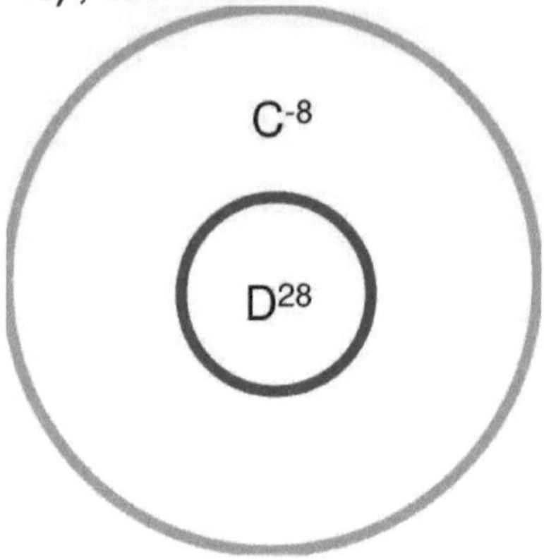

$Ru_6Te_{14}(CO)_{12}^{2-}$

Figure 78.

VE=14z+2+12y+10m=14(28)+2+12(-8)+10(-14)=158
K=n+t=20+11
Ru: k=5, V=2k=10; Te: k=1, V=2k=2

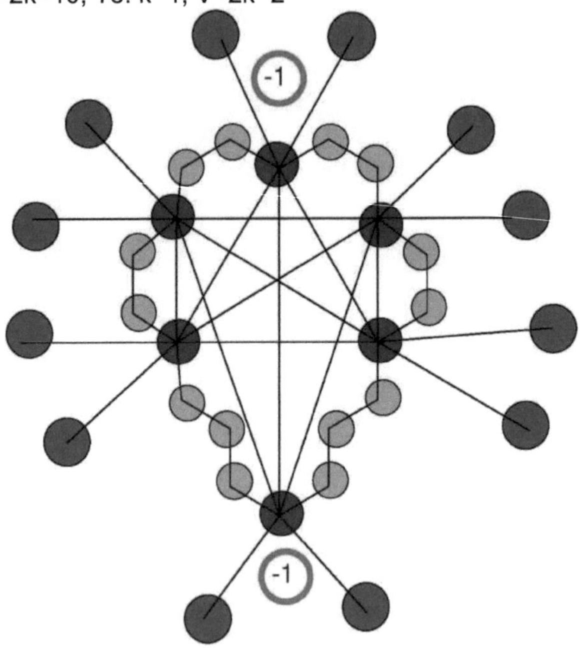

Figura 79.

U-32: $Co_6(C)(CO)_{12}(AuL)_4$

n=10

K=6(4.5)+1 (-2)+12(-1)+4(3.5-1)=23

K(n)=23(10)

K=n+t=10+13(n=10, t=13)

VE=18П-2K+1 Om=18(10)-2(23)=134

VF=134

K=2n+3

S=4n-6

VE=14n-6=14(10)-6=134

K*=D6C4(z=6, y=4) ; não metálico

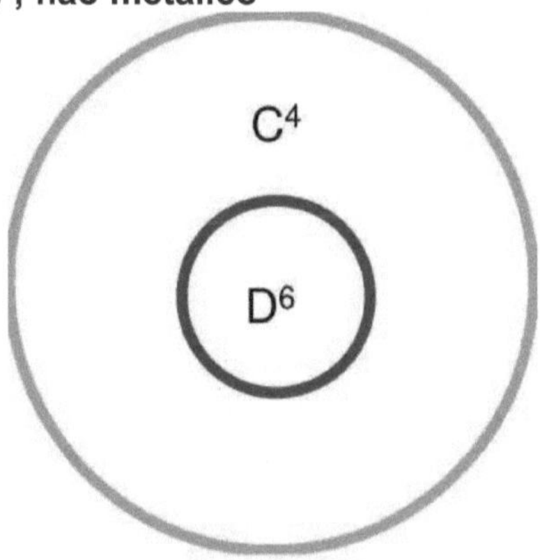

$Co_6(C)(CO)_{12}(AuL)_4$

Figura 80.

VE=14z+2+12y+10m=14(6)+2+12(4)=134

K=n+t=10+13

Co: k=4,5, V=2k=9; Au: k=3,5, V=2k=7

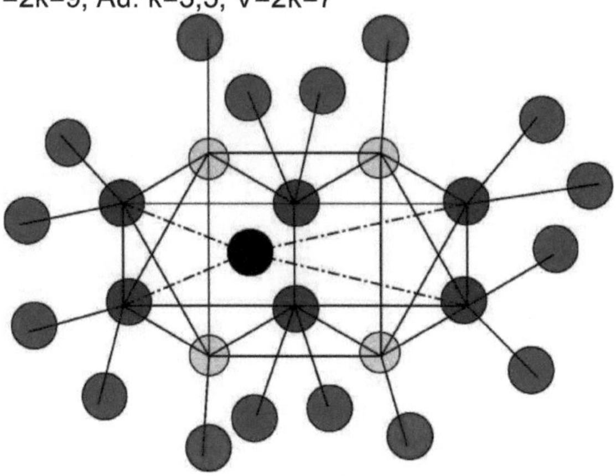

Figura 81.

U-33: $Co_5(C)(CO)_{ii}(AuL)_3$

n=8
K=5(4.5)+1(-2)+11(-1)+3(3.5-1)=17
K(n)=17(8)
K=n+t=8+9(n=8, t=9)
VE=18n-2K=18(8)-2(17)=110
VF=110
K=2n+1
S=4n-2
VE=14n-2=14(8)-2=110
K*=D6C2(z=6, y=2) ; não metálico

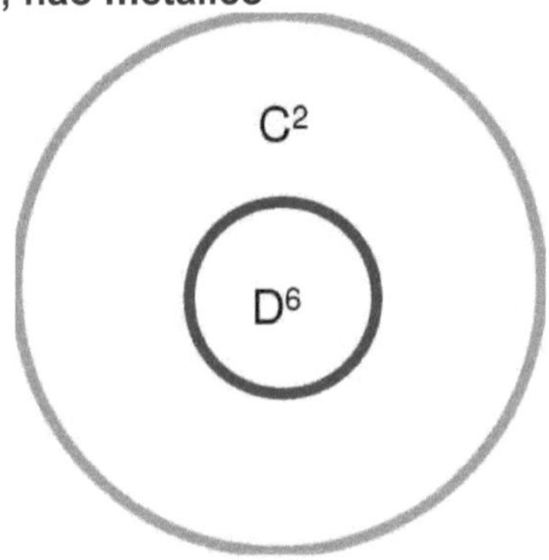

$Co_5(C)(CO)_{11}(AuL)_3$
Figura 82.

VE=14z+2+12y=14(6)+2+12(2)=110
K=n+t=8+9
Co: k=4,5, V=2k=9; Au: k=3,5, V=2k=7

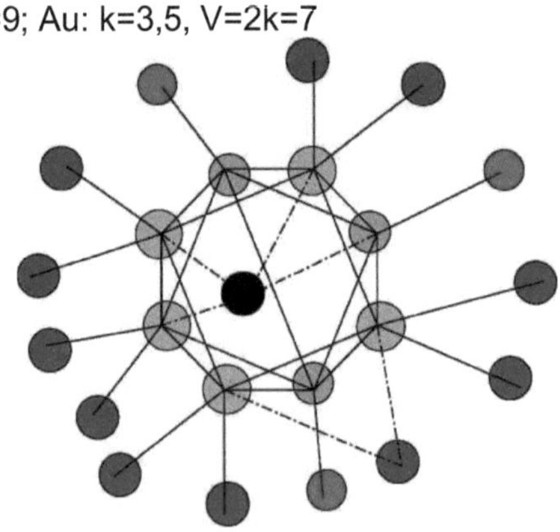

Figura 83.

U-34: $Co_5(C)(CO)_{ii}(AuL)_{-}^{2}$
n=6
K=5(4.5)+1(-2)+11(-1)+1(3.5-1)+2(-0.5)=11

K(n)=11(6)
K=n+t=6+5(n=6, t=5)
VE=18n-2K=18(6)-2(11)=86
VF=86
K=2n-1
S=4n+2
VE=14n+2=14(6)+2=86
K*=D6C0(z=6, y=0) ; não metálico

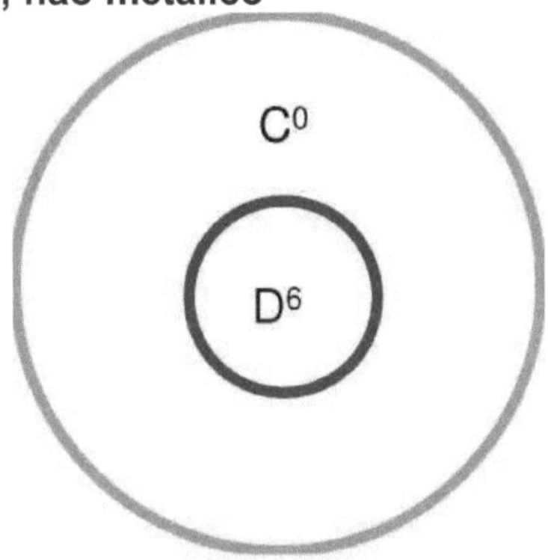

$Co_5(C)(CO)_{11}(AuL)^{-2}$

Figure 84.

VE=14z+2+12y=14(6)+2+12(0)=86
K=n+t=6+5
Co: k=4,5, V=2k=9; Au: k=3,5, V=2k=7

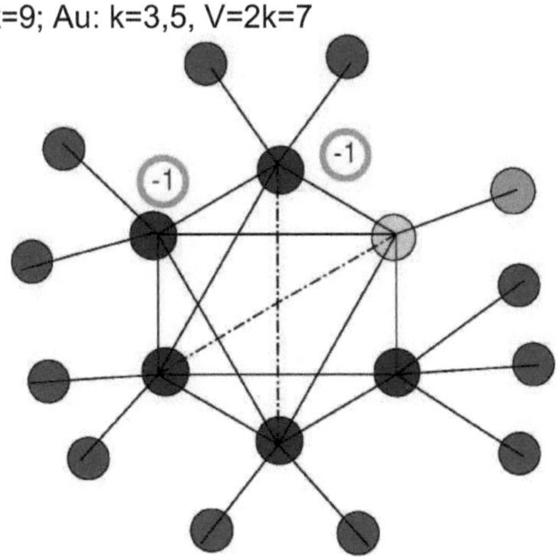

Figura 85.

U-35: $Co_5(C)(CO)_{12}(AuL)$
n=6
K=5(4.5)+1(-2)+12(-1)+1(3.5-1)=11

K(n)=11(6)
K=n+t=6+5(n=6, t=5)
VE=18n-2K=18(6)-2(11)=86
VF=86
K=2n-1
S=4n+2
VE=14n+2=14(6)+2=86
K*=D6C0(z=6, y=0) ; não metálico

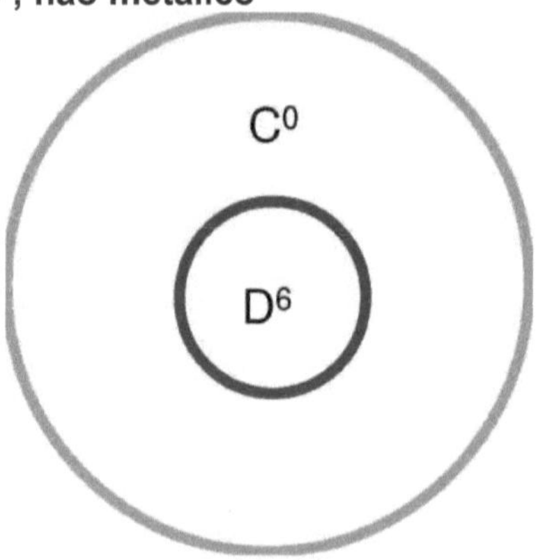

$Co_5(C)(CO)_{12}(AuL)$
Figura 86.

VE=14z+2+12y=14(6)+2+12(0)=86
K=n+t=6+5
Co: k=4,5, V=2k=9; Au: k=3,5, V=2k=7

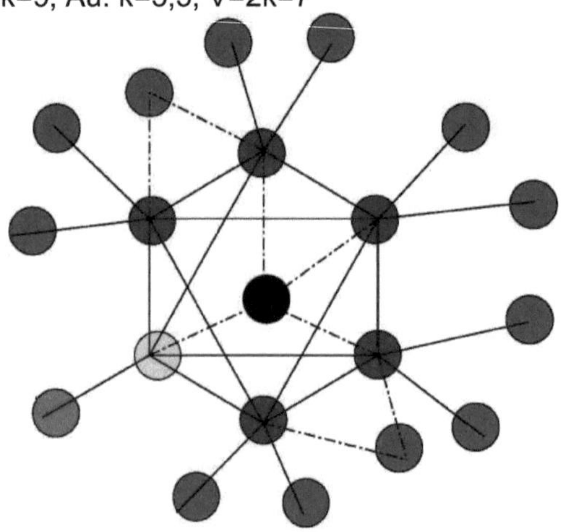

Figura 87.

U-36: $Co_5(C)(CO)_{ii}(AuL)_3$

n=8
K=5(4.5)+1(-2)+11(-1)+3(3.5-1)=17
K(n)=17(8)
K=n+t=8+9(n=8, t=9)
VE=18n-2K=18(8)-2(17)=110
VF=110
K=2n+1
S=4n-2
VE=14n-2=14(8)-2=110
K*=D6C2(z=6, y=2) ; não metálico

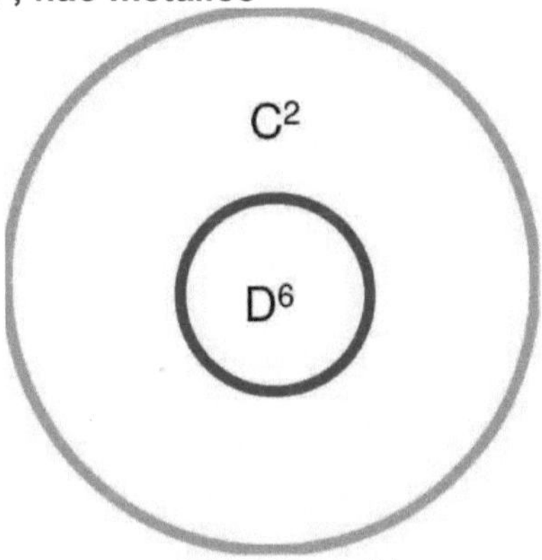

$Co_5(C)(CO)_{ii}(AuL)_3$

Figura 88.
VE=14z+2+12y=14(6)+2+12(2)=110
K=n+t=8+9
Co: k=4,5, V=2k=9; Au: k=3,5, V=2k=7

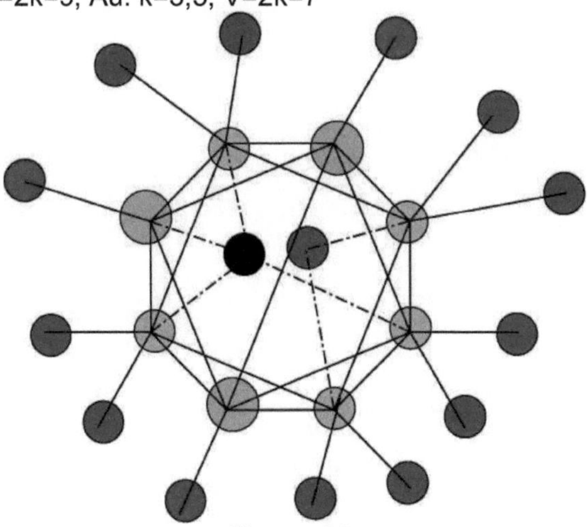

Figura 89.

U-37: $Rh_{i4}(CO)_{26}{}^{(2)-}$

n=14
K=14(4.5)+26(-1)+2(-0.5)=36
K(n)=36(14)
K=n+t=14+22(n=14, t=22)
VE=18n-2K=18(14)-2(36)=180
VF=180
K=2n+8
S=4n-16
VE=14n-16=14(14)-16=180
K*=D5C9(z=5, y=9) ; não metálico

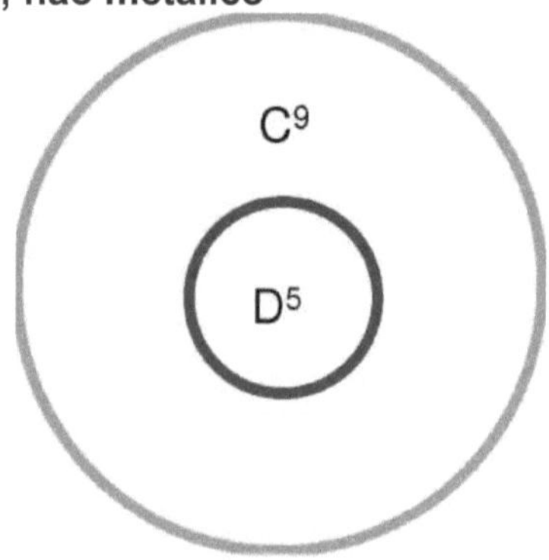

$Rh_{14}(CO)_{26}^{2-}$

Figure 90.

VE=14z+2+12y=14(5)+2+12(9)=180
K=n+t=14+22
Rh: k=4,5, V=2k=9

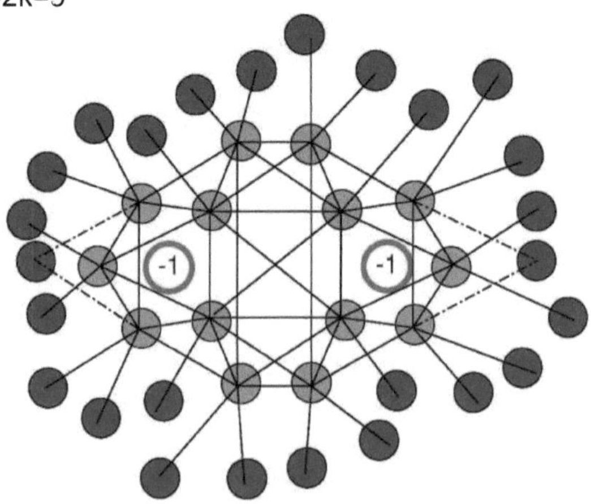

Figura 91.

U-38: $Rhi5(CO)_27^{3}$-
n=15
K=15(4.5)+27(-1)+3(-0.5)=39
K(n)=39(15)
K=n+t=15+24(n=15, t=24)
VE=18n-2K=18(15)-2(39)=192
VF=192
K=2n+9
S=4n-18
VE=14n-18=14(15)-18=192
K*=D5C10(z=5, y=10) ; não metálico

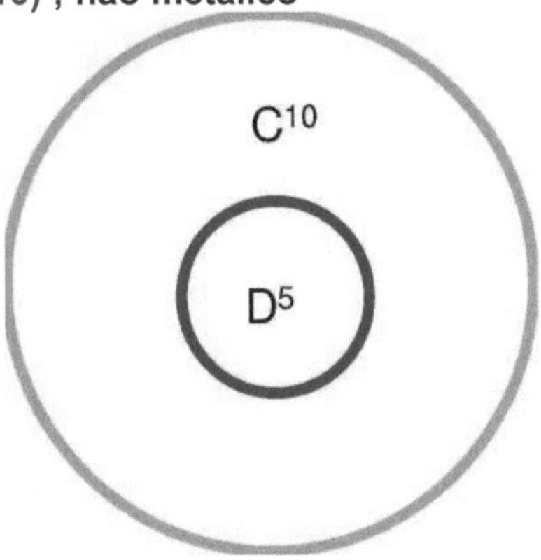

$Rhi5(CO)_{27}^{3-}$
Figura 92.

VE=14z+2+12y=14(5)+2+12(10)=192
K=n+t=15+24
Rh: k=4,5, V=2k=9

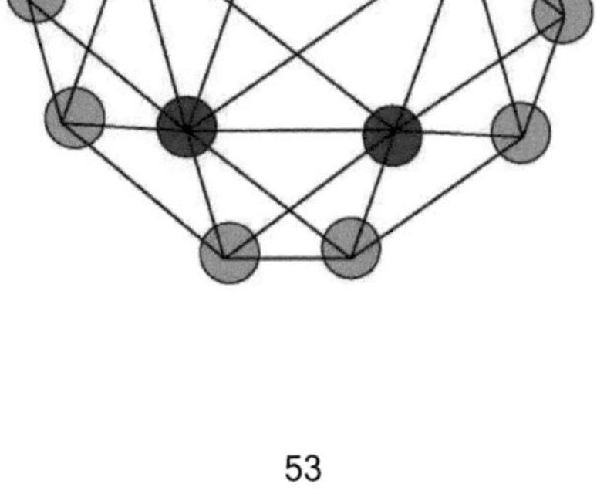

$K^*=D^5C^{10}$

Figura 93.

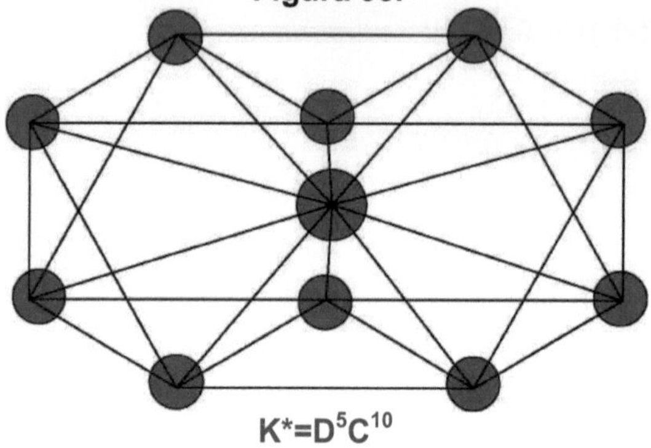

$K^*=D^5C^{10}$

Figura 94.

KN=2z-1=2(5)-1=9

KP=3y=3(10)=30

K-KN=39-9=30

KP=K-KN

U-39: $Rhi_7(CO)_{30}^{3-}$

n=17

K=17(4.5)+30(-1)+3(-0.5)=45

K(n)=45(17)

K=n+t=17+28(n=17, t=28)

VE=18n-2K=18(17)-2(45)=216

VF=216

K=2n+11

S=4n-22

VE=14n-22=14(17)-22=216

K*=D5C12(z=5, y=12) ; não metálico

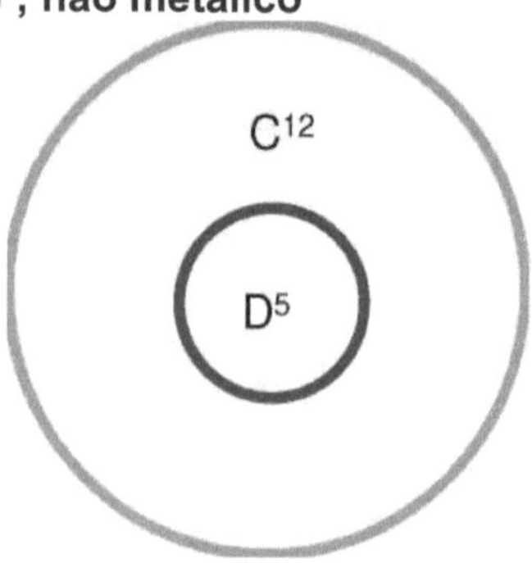

$Rhi_7(CO)_{30}^{3-}$

Figura 95.

VE=14z+2+12y=14(5)+2+12(12)=216

K=n+t=17+28

Rh: k=4,5, V=2k=9

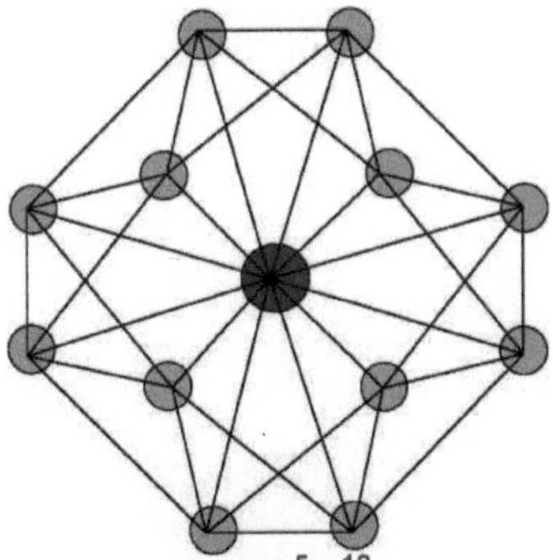

$K^*=D^5C^{12}$

Figura 96.

KN=2z-1=2(5)-1=9
KP=3y=3(12)=36
K-KN=45-KN=45-9=36
KP=K-KN
U-40: $Rhi9(CO)_{3i}{}^{(5})$-
n=19
K=19(4.5)+31(-1)+5(-0.5)=52
K(n)=52(19)
K=n+t=19+33(n=19, t=33)
VE=18n-2K=18(19)-2(52)=238
VF=238
K=2n+14
S=4n-28
VE=14n-28=14(19)-28=238
K*=D4C15(z=4, y=15) ; não metálico

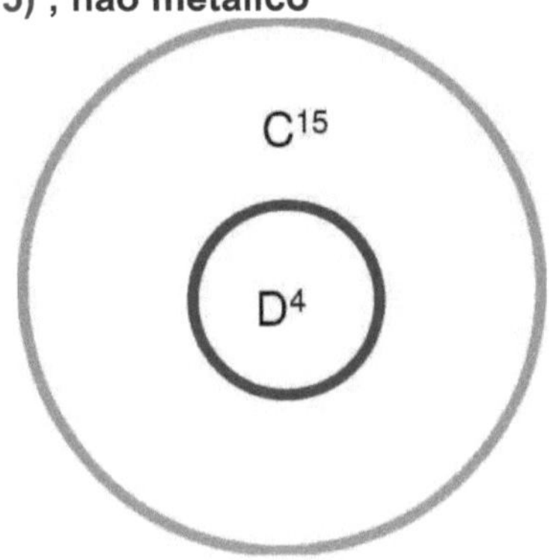

$Rh_{19}(CO)_{31}{}^{5-}$

Figure 97.

VE=14z+2+12y=14(4)+2+12(15)=238
K=n+t=19+33
Rh: k=4,5, V=2k=9

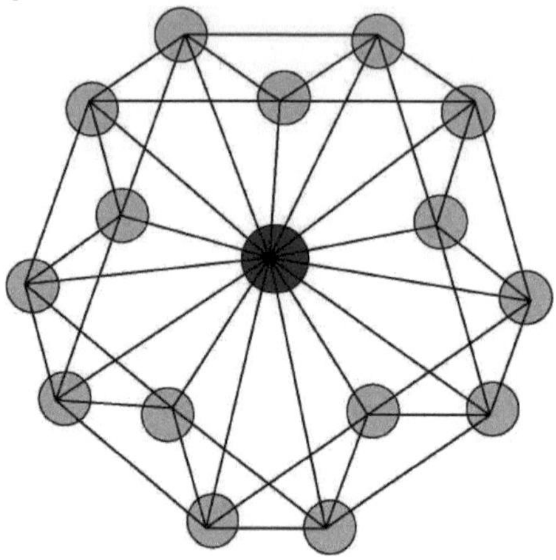

$K^*=D^4C^{15}$

Figura 98.

KN=2z-1=2(4)-1=7
KP=K-KN=52-7=45=3y=3(15)=45
U-41 : $H_3Rh_{13}(CO)_{25}^{2-}$
n=13
K=13(4.5)+25(-1)+5(-0.5)=31
K(n)=31(13)
K=n+t=13+18(n=13, t=18)
VE=18n-2K=18(13)-2(31)=172
VF=172
K=2n+5
S=4n-10
VE=14n-10=14(13)-10=172
K*=D7C6(z=7, y=6) ; não metálico

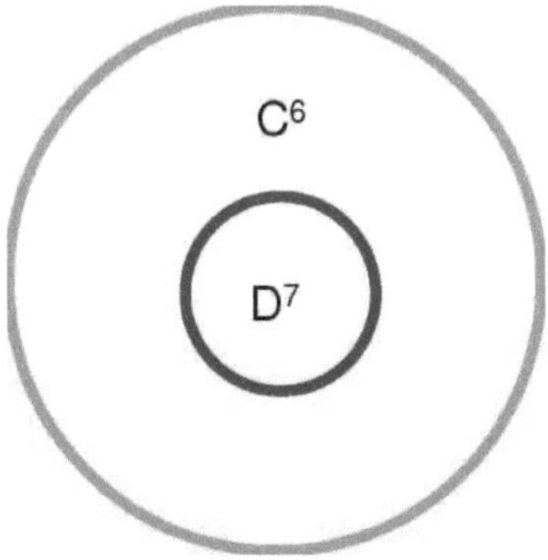

$H_3Rh_{13}(CO)_{25}{}^{2-}$

Figura 99.

VE=14z+2+12y=14(7)+2+12(6)=172
K=n+t=13+18
Rh: k=4,5, V=2k=9

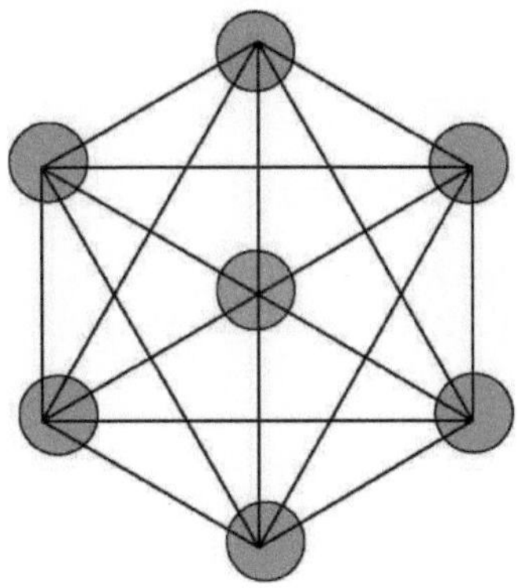

$K^*=D^7C^6$

Figura 100.

KN=2z-1=2(7)-1=13
KP=K-KN=31-13=18=3y=3(6)=18
U-42: $Rh_{33}(CO)_{47}{}^{(5)-}$
n=33
K=33(4.5)+47(-1)+5(-0.5)=99
K(n)=99(33)
K=n+t=33+66(n=33, t=66)
VE=18n-2K=18(33)-2(99)=396
VF=396
K=2n+33
S=4n-66
VE=14n-66=14(33)-66=396
K*=D-1C34(z=-1, y=34) ; não metálico

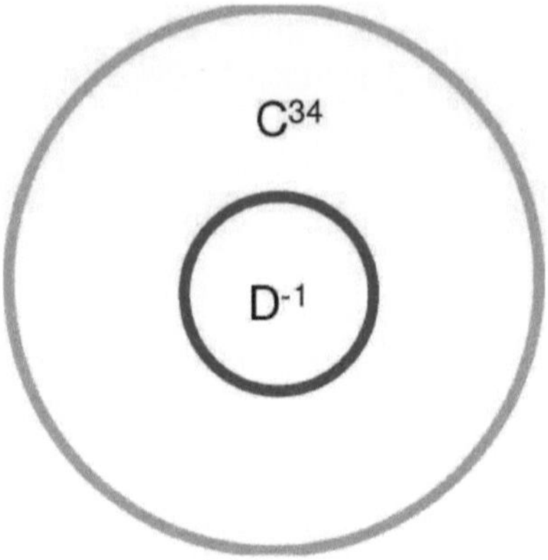

$Rh_{33}(CO)_{47}^{5-}$

Figure 101.

VE=14z+2+12y=14(-1)+2+12(34)=396
K=n+t=33+66
Rh: k=4,5, V=2k=9
KN=2z-1=2(-1)-1=-3
KP=K-KN=99-(-3)=102=3y=3(34)=102
U-43: $Au2Ag_{2L2}^{4+}$
n=4: Ag=Au,k=3,5, V=2k=7
K=4(3.5)+2(-1)+4(+0.5)=14
K(n)=14(4)
K=n+t=4+10(n=4, t=10)
VE=18n-2K=18(4)-2(14)=44
VF=44
K=2n+6
S=4n-12
VE=14n-12=14(4)-12=44
K*=D-3C7(z=-3, y=7) ; não metálico

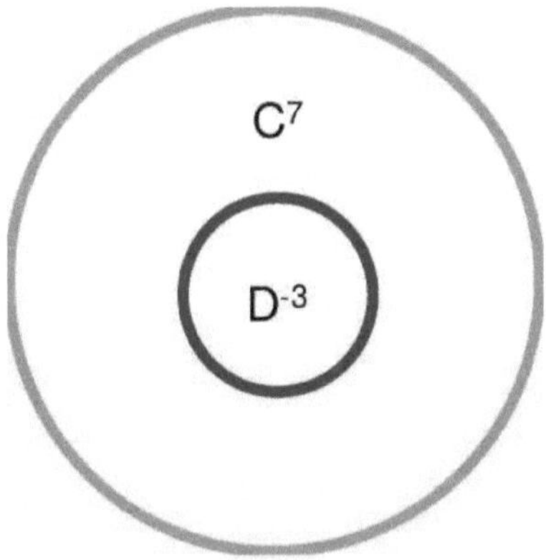

$Au_2Ag_2L_2^{4+}$

Figura 102.

VE=14z+2+12y=14(-3)+2+12(7)=44
K=n+t=4+10

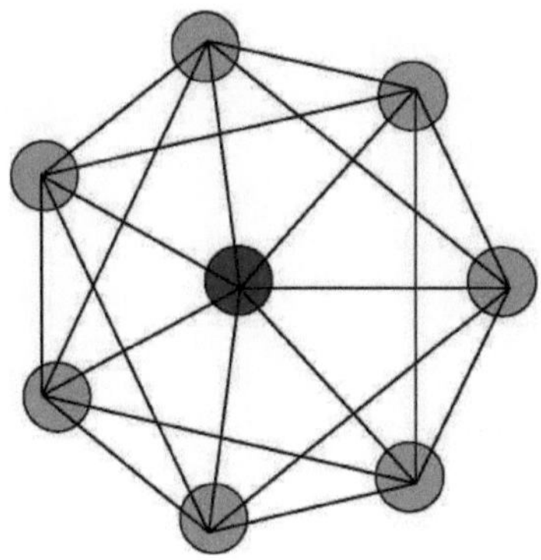

$K^*=D_-{}^3C^7$

Figura 103.

KN=2z-1=2(-3)-1=-7
K-KN=14-(-7)=21
KP=3y=3(7)=21
K-KN=KP
U-44: $Au_3IrL_5(NO_3)^{+1}$ n=4
Au,k=3,5, V=2k=7; Ir: k=4,5, V=2k=9
K=3(3.5)+1(4.5)+5(-1)+1(-0.5)+1(0.5)=10
K(n)=10(4)
K=n+t=4+6(n=4, t=6)
VE=18n-2K=18(4)-2(10)=52
VF=52
K=2n+2
S=4n-4

VE=14n-4=14(4)-4=52

K*=D1C3(z=1, y=3) ; não metálico

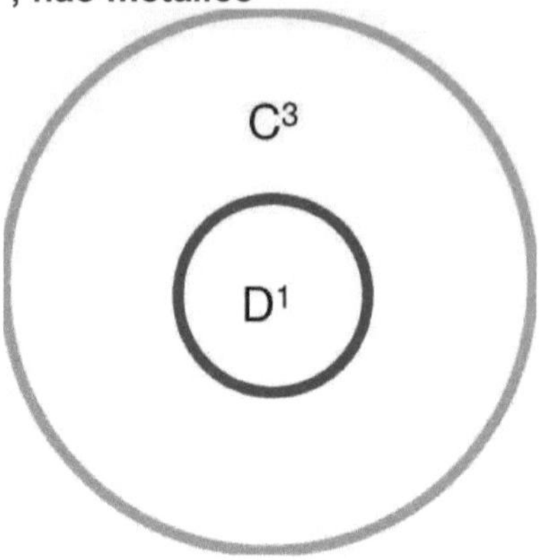

$Au_3IrL_5(NO_3)^{+1}$

Figura 104.

VE=14z+2+12y=14(1)+2+12(3)=52

K=n+t=4+6

U-45: $Au_4IrL_6(H_2)^{+1}$

n=5

Au,k=3,5, V=2k=7; Ir: k=4,5, V=2k=9

K=4(3.5)+1(4.5)+2(-0.5)+6(-1)+1(0.5)=12

K(n)=12(5)

K=n+t=5+7(n=5, t=7)

VE=18n-2K=18(5)-2(12)=66

VF=66

K=2n+2

S=4n-4

VE=14n-4=14(5)-4=66

$K^*=D2C3(z=2, y=3)$; não metálico

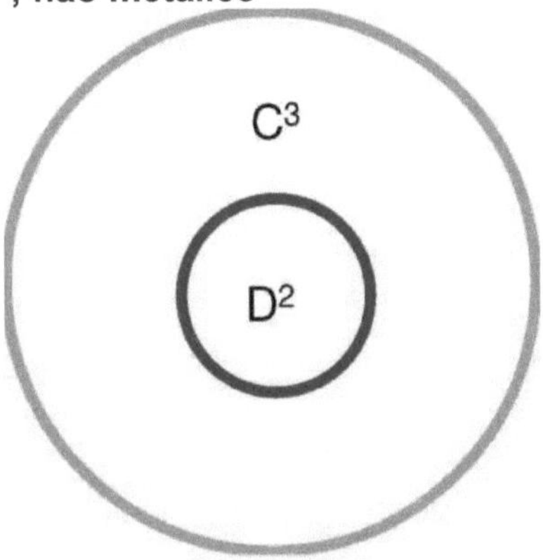

$Au_4IrL_6(H_2)^{+1}$

Figura 105.

VE=14z+2+12y=14(2)+2+12(3)=66
K=n+t=5+7
U-46: $Ru_3Au(L)(Cl)(CO)_{10}$
n=4
Ru,k=5, V=2k=10; Au: k=3,5, V=2k=7
K=3(5)+1(3.5)+1(-1)+1(-0.5)+10(-1)=7
K(n)=7(4)
K=n+t=4+3(n=4, t=3)
VE=18n-2K=18(4)-2(7)=58
VF=58
K=2n-1
S=4n+2
VE=14n+2=14(4)+2=58
$K^*=D4C0(z=4, y=0)$; não metálico

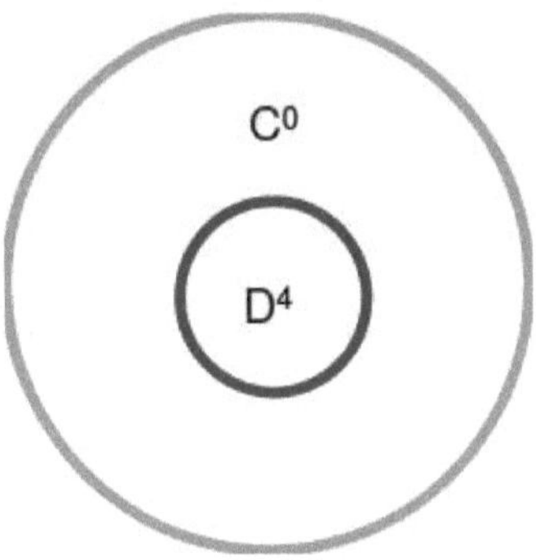

$Ru_3Au(L)(Cl)(CO)_{10}$

Figura 106.

VE=14z+2+12y=14(4)+2+12(0)=58 K=n+t=4+3

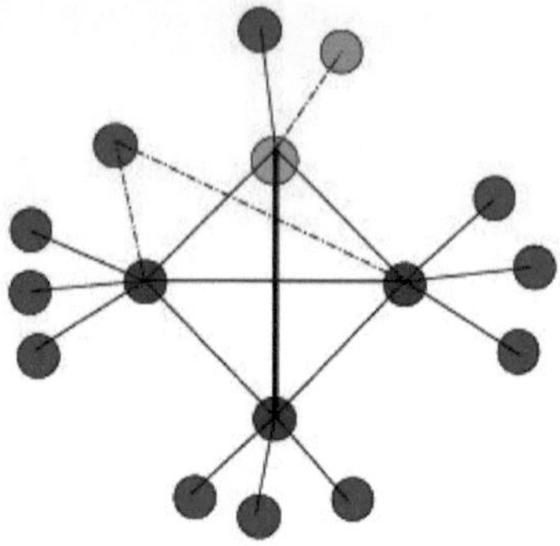

Figura 107.

U-47: $Au4Ru_2(L_2)(SR)_8$

n=6

Ru,k=5, V=2k=10; Au: k=3,5, V=2k=7

K=4(3.5)+2(5)+2(-1)+8(-0.5)=18

K(n)=18(6)

K=n+t=6+12(n=6, t=12)

VE=18n-2K=18(6)-2(18)=72

VF=72

K=2n+6

S=4n-12

VE=14n-12=14(6)-12=72

K*=D-1C7(z=-1, y=7) ; metálico

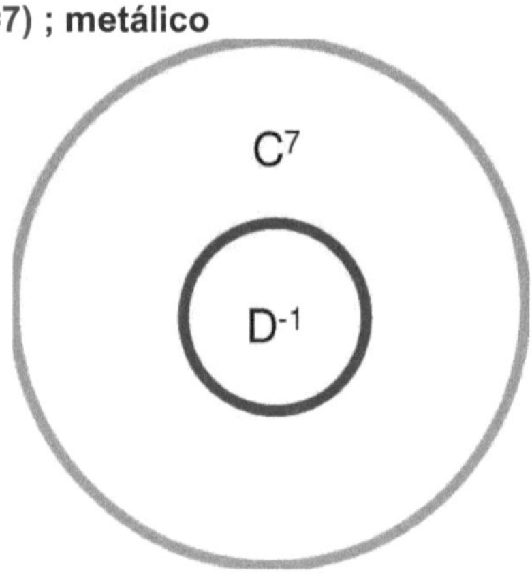

Au4Ru2(L2)(SR)8

Figura 108.

VE=14z+2+12y=14(-1)+2+12(7)=72

K=n+t=6+12

=2

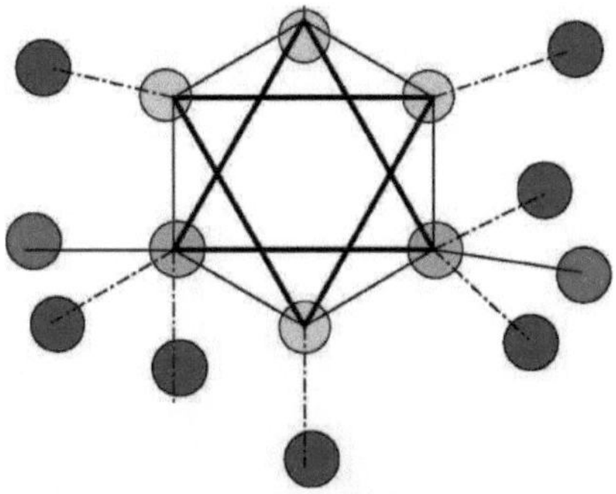

Figura 109.

U-48: $Au_5Re(H_4)(L)_7(PF_6)_2$
n=6
Au,k=3,5, V=2k=7; Re: k=5,5, V=2k=11
K=5(3.5)+1(5.5)+4(-0.5)+7(-1)+2(-0.5)=13
K(n)=13(6)
K=n+t=6+7(n=6, t=7)
VE=18n-2K=18(6)-2(13)=82
VF=82
K=2n+1
S=4n-2
VE=14n-2=14(6)- 2=82
K*=D4C2(z=4, y=2) ; não metálico

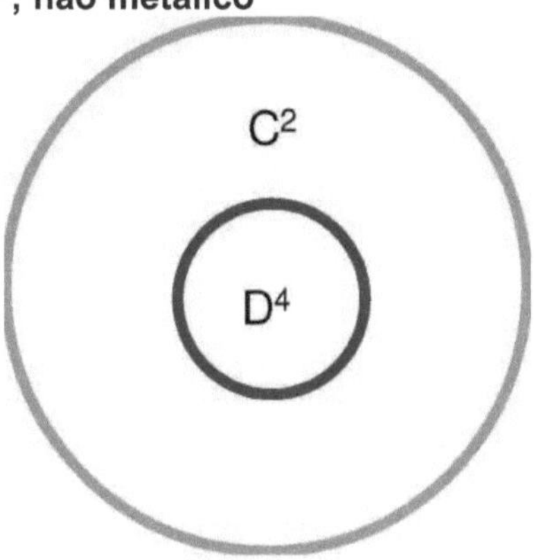

$Au_5Re(H_4)(L)_7(PF_6)_2$
Figura 110.

VE=14z+2+12y=14(4)+2+12(2)=82
K=n+t=6+7

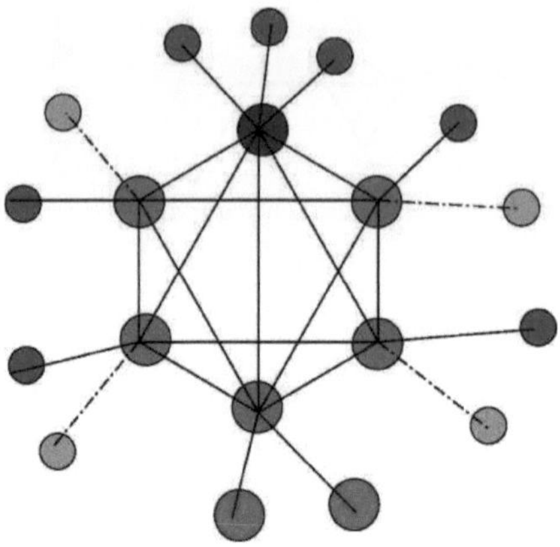

$K^*= D^4C^2$

Figura 111.

U-49: $Au_5Cu_6(L_4)(SR)_6(BPh_4)$

n=11

Au=Cu,k=3,5, V=2k=7

K=11(3.5)+4(-1)+6(-0.5)+1(-0.5)=31

K(n)=31(11)

K=n+t=11+20(n=11, t=20)

VE=18n-2K=18(11)-2(31)=136

VF=136

K=2n+9

S=4n-18

VE=14n-18=14(11)- 18=136

K*=D1C10(z=1, y=10) ;no- metálica

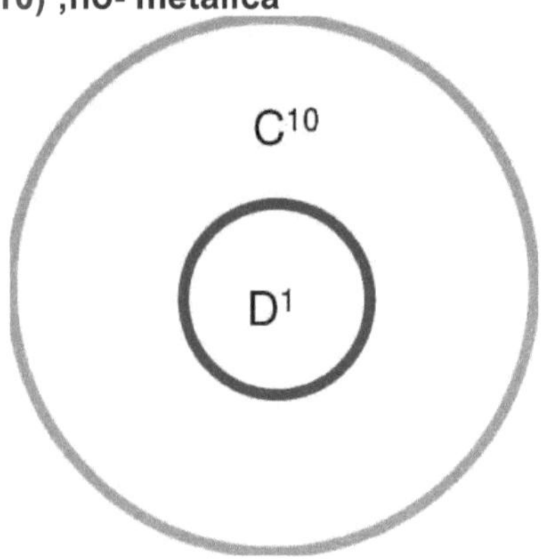

$Au_5Cu_6(L_4)(SR)_6(BPh_4)$

Figura 112.

VE=14z+2+12y=14(1)+2+12(10)=136

K=n+t=11+20

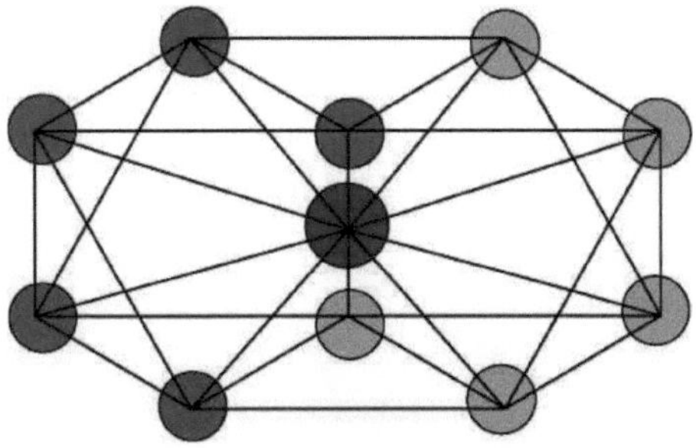

$K^*= D^1C^1$。

Figura 113.

U-50: Aue $_{L6R2}$

n=6

Au:k=3,5, V=2k=7

K=6(3.5)+6(-1)+2(-0.5)=14

K(n)=14(6)

K=n+t=6+8(n=6, t=8)

VE=18n-2K=18(6)-2(14)=80

VF=80

K=2n+2

S=4n-4

VE=14n-4=14(6)- 4=80

K*=D3C3(z=3, y=3) ;no- metálica

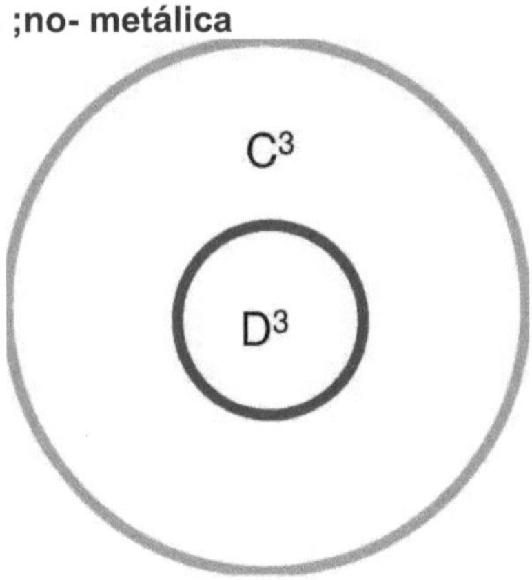

$Au_6\ L_6R_2$

Figura 114.

VE=14z+2+12y=14(3)+2+12(3)=80

K=n+t=6+8

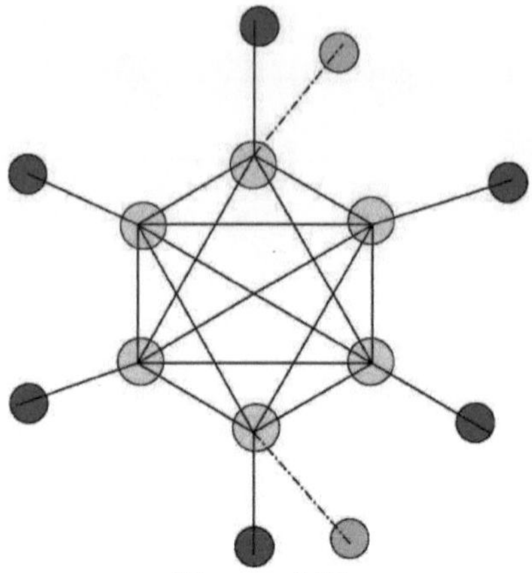

Figura 115.

U-51: PdAu6 L7R2
n=7
Au:k=3,5, V=2k=7; Pd: k=4, V=2k=8
K=6(3.5)+1(4)+7(-1)+2(-0.5)=17
K(n)=17(7)
K=n+t=7+10(n=7, t=10)
VE=18n-2K=18(7)-2(17)=92
VF=92
K=2n+3
S=4n-6
VE=14n-6=14(7)- 6=92
K*=D3C4(z=3, y=4) ;no- metálico

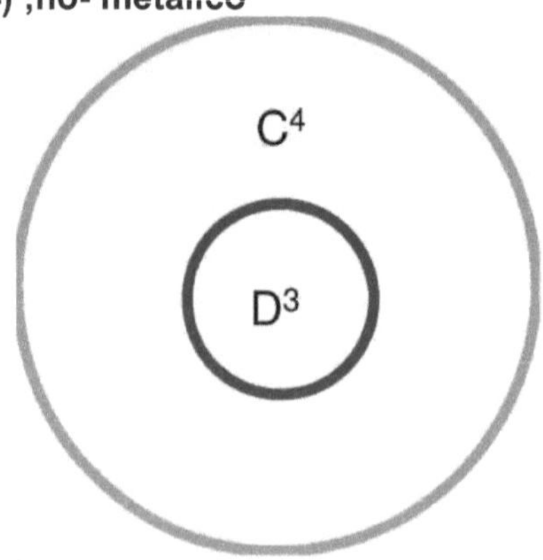

PdAu6 L7R2
Figura 116.

VE=14z+2+12y=14(3)+2+12(4)=92
K=n+t=7+10

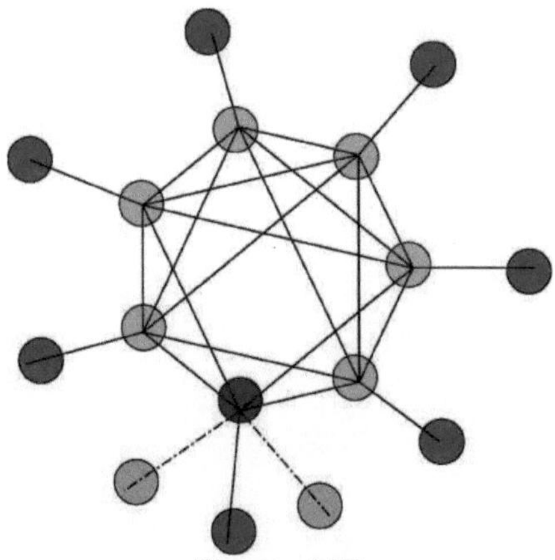

Figura 117.

U-52: $HAu9_{L\_8}^{2+}$
n=9
Au:k=3,5, V=2k=7
K=1(-0.5)+9(3.5)+8(-1)+2(+0.5)=24
K(n)=24(9)
K=n+t=9+15(n=9, t=15)
VE=18n-2K=18(9)-2(24)=114
VF=114
K=2n+6
S=4n-12
VE=14n-12=14(9)-12=114
$K^*=D^2C^7$(z=2, y=7) ;não metálico

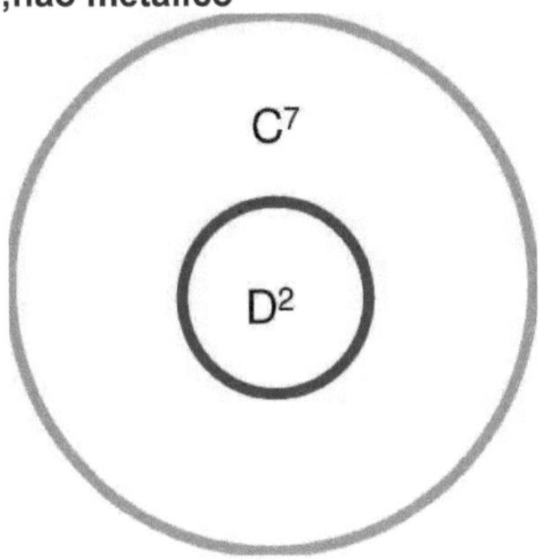

$HAu_9\ L_8^{2+}$

Figure 118.

VE=14z+2+12y=14(2)+2+12(7)=114
K=n+t=9+15

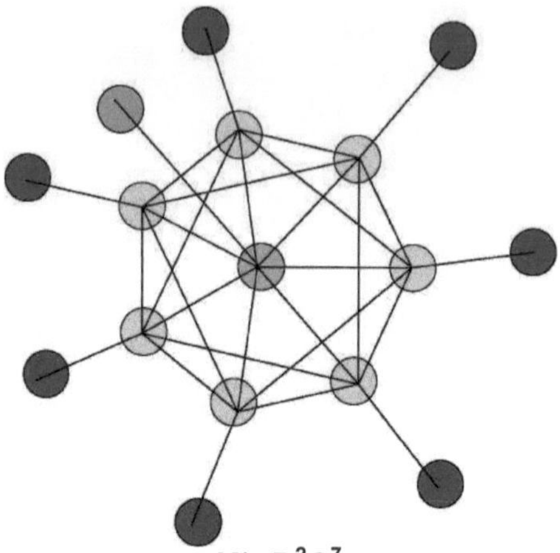

$K^*=D^2C^7$

Figura 119.

U-53: PtAu8 $L_8(NO_3)_2$ n=9
Au:k=3,5, V=2k=7; Pt: k=4, V=2k=8
K=1(4)+8(3.5)+8(-1)+2(-0.5)=23
K(n)=23(9)
K=n+t=9+14(n=9, t=14)
VE=18n-2K=18(9)-2(23)=116
VF=116
K=2n+5
S=4n-10
VE=14n-10=14(9)-10=116
$K^*=D^3C^6$(z=3, y=6) ;não metálico

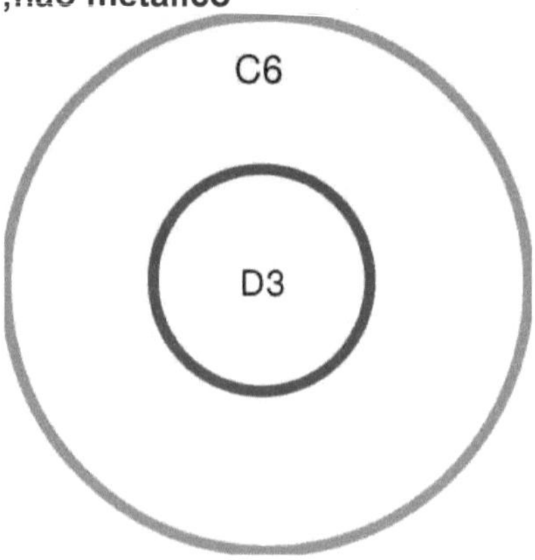

$PtAu_8\ L_8(NO_3)_2$

Figure 120.

VE=14z+2+12y=14(3)+2+12(6)=116

K=n+t=9+14

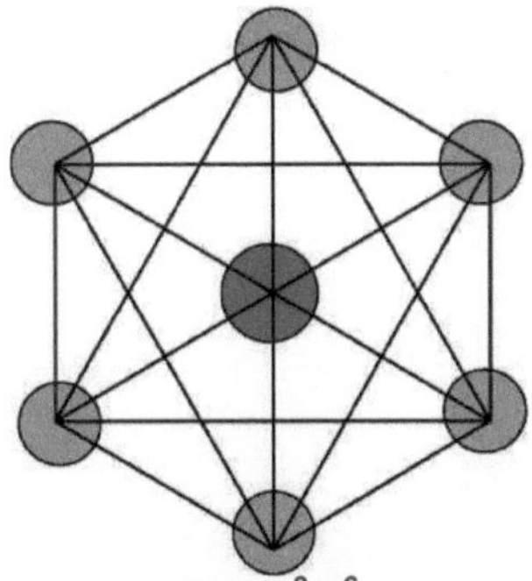

$K^*=D^3C^6$

Figura 121.

U-54: AU10L5R4

n=10

Au:k=3,5, V=2k=7

K=10(3.5)+5(-1)+4(-0.5)=28

K(n)=28(10)

K=n+t=10+18(n=10, t=18)

VE=18n-2K=18(10)-2(28)=124

VF=124

K=2n+8

S=4n-16

VE=14n-16=14(10)-16=124

$K^*=D^1C^9$(z=1, y=9) ;não metálico

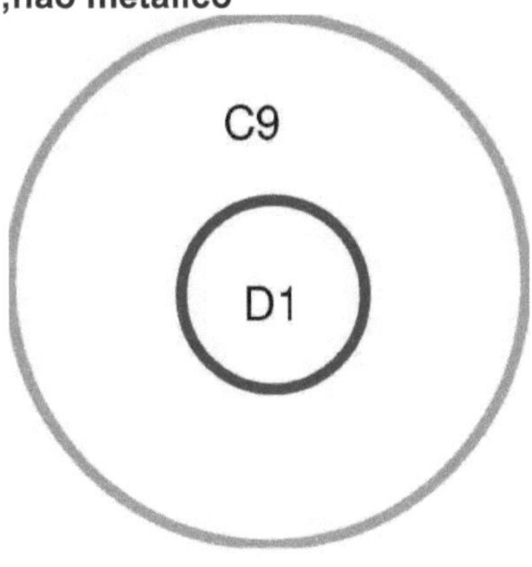

$Au_{10}L_5R_4$

Figura 122.

VE=14z+2+12y=14(1)+2+12(9)=124

K=n+t=10+18

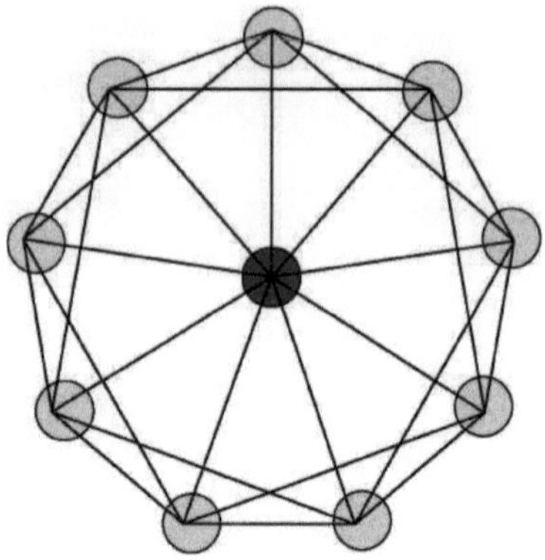

$K^*=D^1C^9$
Figura 123.

KN=2z-1=2(1)-1=1
KP=K-KN=28-1=27
KP=3y=3(9)=27
K-KN=KP=3y
U-55: PdAu1oL8Cl2
n=11
Au:k=3,5, V=2k=7;Pd:k=4, V=2k=8
K=1(4)+10(3.5)+8(-1)+2(-0.5)=30
K(n)=30(11)
K=n+t=11+19(n=11, t=19)
VE=18n-2K=18(11)-2(30)=138
VF=138
K=2n+8
S=4n-16
VE=14n-16=14(11)-16=138

$K^{*}=D^{2}C^{9}(z=2, y=9)$;não metálico

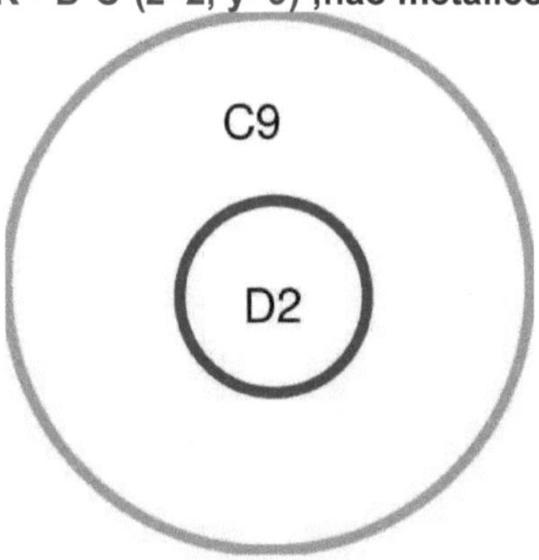

$PdAu_{10}L_8Cl_2$

Figure 124.

VE=14Z+2+12y=14(2)+2+12(9)=138
K=n+t=11 + 19

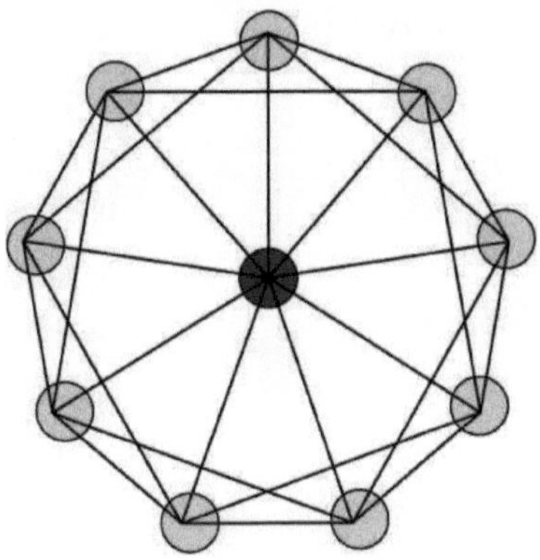

$K^{*}=D^{2}C^{9}$
Figura 125.

KN=2z-1=2(2)-1=3
KP=K-KN=30-3=27
KP=3y=3(9)=27
U-56: $PtAu_{12}L_{10}Cl_2(PFe)_2$
n=13
Au:k=3,5, V=2k=7;Pt:k=4, V=2k=8
K=1(4)+12(3.5)+10(-1)+2(-0.5)+2(-0.5)=34
K(n)=34(13)
K=n+t=13+21(n=13, t=21)
VE=18n-2K=18(13)-2(34)=166

VF=166
K=2n+8
S=4n-16
VE=14n-16=14(13)-16=166
$K^*=D^4C^9$(z=4, y=9) ;não metálico

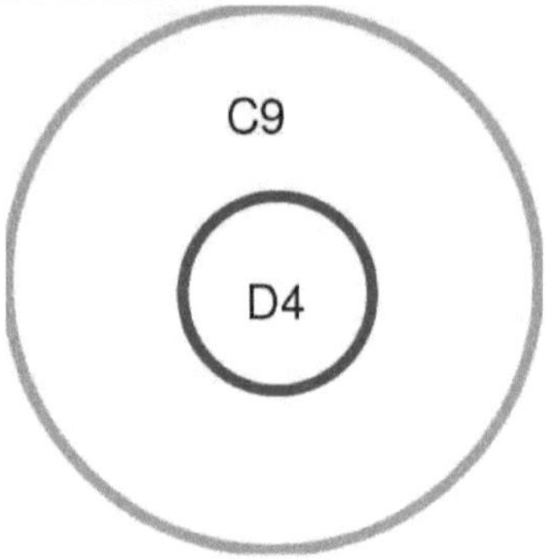

$PtAu_{12}L_{10}Cl_2(PF_6)_2$
Figura 126.

VE=14z+2+12y=14(4)+2+12(9)=166
K=n+t=13+21

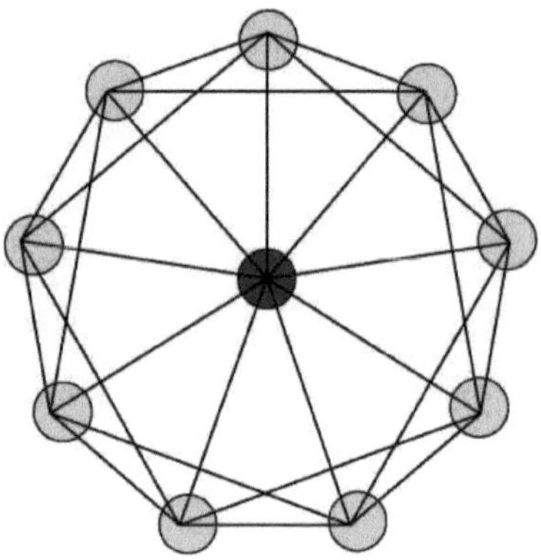

$K^*=D^4C^9$
Figura 127.

KN=2z-1=2(4)-1=7
KP=K-KN=34-7=27
KP=3y=3(9)=27
K-KN=KP=3y
U-57: Ag7Aui2LioR9
n=19
Au=Ag:k=3,5, V=2k=7
K=19(3.5)+10(-1)+9(-0.5)=52

K(n)=52(19)
K=n+t=19+33(n=19, t=33)
VE=18n-2K=18(19)-2(52)=238
VF=238
K=2n+14
S=4n-28
VE=14n-28=14(19)-28=238
$K^{*}=D^{4}C^{15}$(z=4, y=15) ;não metálico

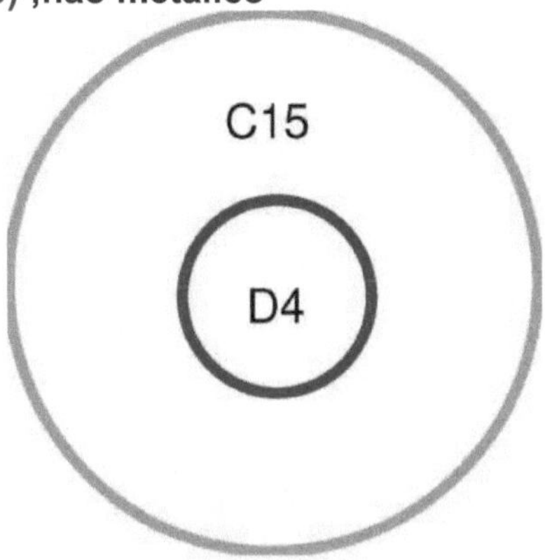

$Ag_7Au_{12}L_{10}R_9$

Figure 128.

VE=14Z+2+12y= 14(4)+2+12(15)=238
K=n+t=19+33

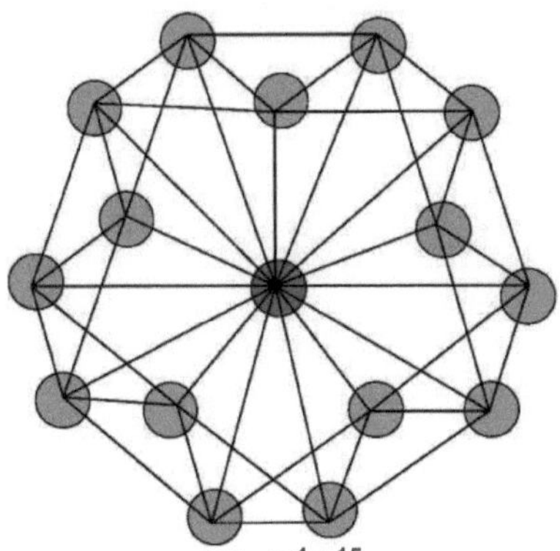

$K^{*}=D^{4}C^{15}$

Figura 129.
KN=2z-1=2(4)-1=7
KP=K-KN=52-7=45
KP=3y=3(15)=45
K-KN=KP=3y

U-58: PtAgi2Aui2LioCl7Cl

n=25

Au=Ag:k=3,5, V=2k=7;Pt:k=4, V=2k=8

K=1(4)+24(3.5)+10(-1)+7(-0.5)+1(-0.5)=74

K(n)=74(25)

K=n+t=25+49(n=25, t=49)

VE=18n-2K=18(25)-2(74)=302

VF=302

K=2n+24

S=4n-48

VE=14n-48=14(25)-48=302

$K^*=D^0C^{25}$(z=0, y=25) ;não metálico

VE=14z+2+12y=14(0)+2+12(25)=302

K=n+t=25+49

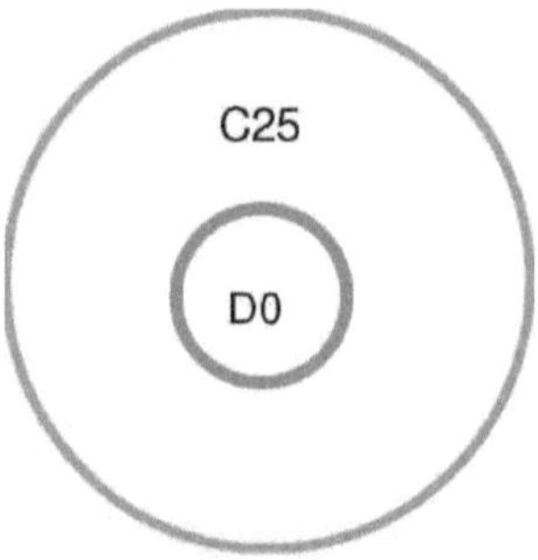

$K^*=D^0C^{25}$

Figure 130.

KN=2z-1=2(0)-1=-1

KP=K-KN=74-(-1)=75

KP=3y=3(25)=75

K-KN=KP=3y

U-59: $PdAu_{13}L_3(SR)_7^{+2}$

n=14

Au=Ag:k=3,5, V=2k=7;Pd:k=4, V=2k=8

K=1(4)+13(3.5)+3(-1)+7(-0.5)+2(+0.5)=44

K(n)=44(14)

K=n+t=14+30(n=14, t=30)

VE=18n-2K=18(14)-2(44)=164

VF=164

K=2n+16

S=4n-32

VE=14n-32=14(14)-32=164

$K^*=D^{-3}C^{17}$(z=-3, y=17) ;metálico

VE=14z+2+12y=14(-3)+2+12(17)=164

K=n+t=14+30

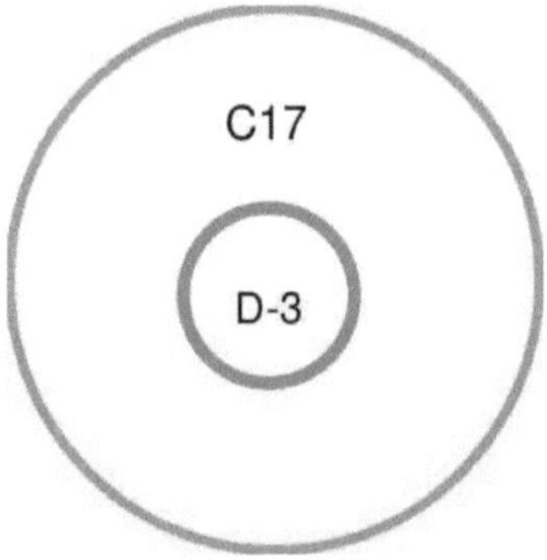

$K^*=D^{-3}C^{17}$

PdAui3L3 (SR)?"^{2}

Figura 131.

KN=2z-1=2(-3)-1=-7
KP=K-KN=44-(-7)=51
KP=3y=3(17)=51
K-KN=KP=3y
U-60: **Aui8Ag2oLi4Cli2Cl2** n=38
Au=Ag:k=3,5, V=2k=7
K=38(3.5)+14(-1)+14(-0.5)=112
K(n)=112(38)
K=n+t=38+74(n=38, t=74)
VE=18n-2K=18(38)-2(112)=460
VF=460
K=2n+36
S=4n-72
VE=14n-72=14(38)-72=460
$K^*=D^{1}C^{37}$(z=1, y=37) ;não metálico
VE=14z+2+12y=14(1)+2+12(37)=460
K=n+t=38+74

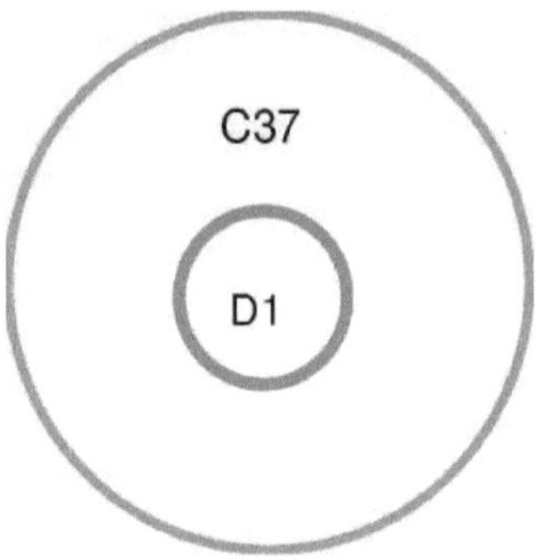

$K^*=D^{1}C^{37}$

Au18 Ag2oL14 Cl12Cl2

Figura 132.

KN=2z-1=2(1)-1=1
KP=K-KN=112-(1)=111
KP=3y=3(37)=111
K-KN=KP=3y
U-61: $Au_{20}L_8^{2+}$
n=20
Au:k=3,5, V=2k=7
K=2O(3.5)+8(-1)+2(+O.5)=63
K(n)=63(20)
K=n+t=20+43(n=20, t=43)
VE=18n-2K=18(20)-2(63)=234
VF=234
K=2n+23
S=4n-46
VE=14n-46=14(20)-46=234
K*=D-4C24(z=-4, y=24) ;metálico
VE=14z+2+12y=14(-4)+2+12(24)=234
K=n+t=20+43

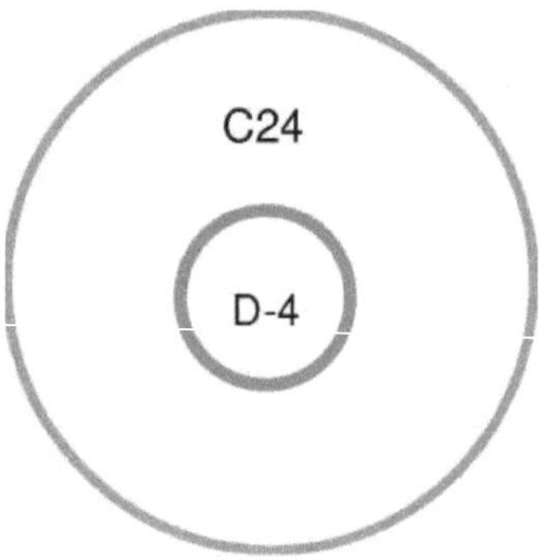

$K^*=D^{-4}C^{24}$

$Au_{20}L_8^{2+}$
Figura 133.

KN=2z-1=2(-4)-1=-9 KP=K-KN=63-(-9)=72
KP=3y=3(24)=72
K-KN=KP=3y
U-62: $Au_{22}L_{12}$
n=22
Au:k=3,5, V=2k=7
K=22(3.5)+12(-1)=65
K(n)=65(22)

K=n+t=22+43(n=22, t=43)
VE=18n-2K=18(22)-2(65)=266
VF=266
K=2n+21
S=4n-42
VE=14n-42=14(22)-42=266
K*=D0C22(z=0, y=22)
VE=14z+2+12y=14(0)+2+12(22)=266
K=n+t=22+43

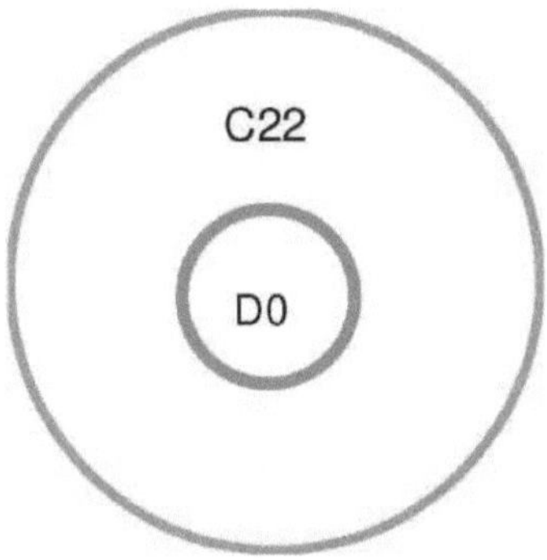

$K^*=D^0C^{22}$
Figura 134.

KN=2z-1=2(0)-1=-1
KP=K-KN=65-(-1)=66
KP=3y=3(22)=66
K-KN=KP=3y
U-63: Au24LioCl6
n=24
Au:k=3,5, V=2k=7
K=24(3.5)+10(-1)+6(-0.5)=71
K(n)=71(24)
K=n+t=24+47(n=24, t=47)
VE=18n-2K=18(24)-2(71)=290
VF=290
K=2n+23
S=4n-46
VE=14n-46=14(24)-46=290
K*=D0C24(z=0, y=24) ;não metálico
VE=14z+2+12y=14(0)+2+12(24)=290
K=n+t=24+47

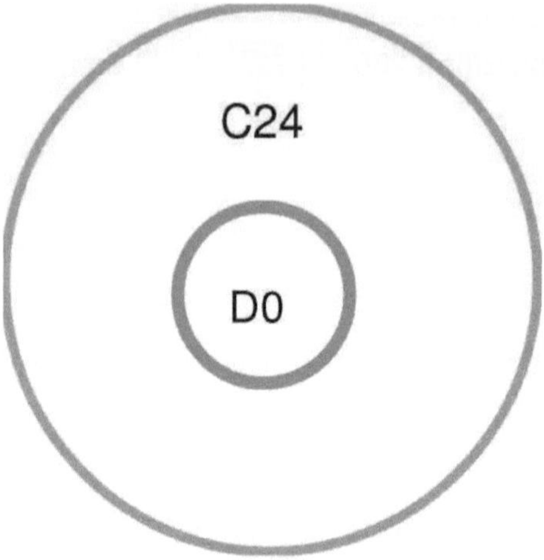

$K^*=D^0C^{24}$

AU24L10C6

Figura 129.

KN=2z-1=2(0)-1=-1
KP=K-KN=71-(-1)=72
KP=3y=3(24)=72
K-KN=KP=3y
U-64: $Au_{28}L_9(SR)_4^{2+}$
n=28
Au:k=3,5, V=2k=7
K=28(3.5)+9(-1)+4(-0.5)+2(+0.5)=88
K(n)=88(28)
K=n+t=28+60(n=28, t=60)
VE=18n-2K=18(28)-2(88)=328
VF=328
K=2n+32
S=4n-64
VE=14n-64=14(28)-64=328
K*=D-5C33(z=-5, y=33) ;não metálico
VE=14z+2+12y=14(-5)+2+12(33)=328
K=n+t=28+60

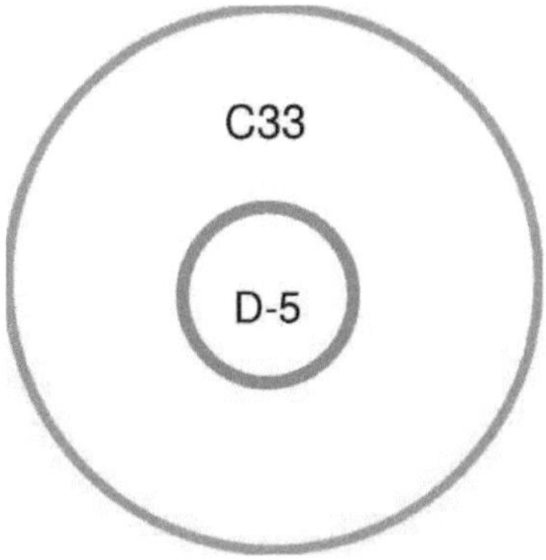

K*=D-^{5}C^{33}

AU28L9(SR)$_{4}^{2+}$

Figura 130.

KN=2z-1=2(-5)-1=-11
KP=K-KN=88-(-11)=99
KP=3y=3(33)=99
K-KN=KP=3y
U-65: Au32Li2Cl8
n=32
Au:k=3,5, V=2k=7
K=32(3.5)+12(-1)+8(-0.5)=96
K(n)=96(32)
K=n+t=32+64 (n=32, t=64)
VE=18n-2K=18(32)-2(96)=384
VF=384
K=2n+32
S=4n-64
VE=14n-64=14(32)-64=384
K*=D-1C33(z=-1, y=33)
VE=14z+2+12y=14(-1)+2+12(33)=384
K=n+t=32+64

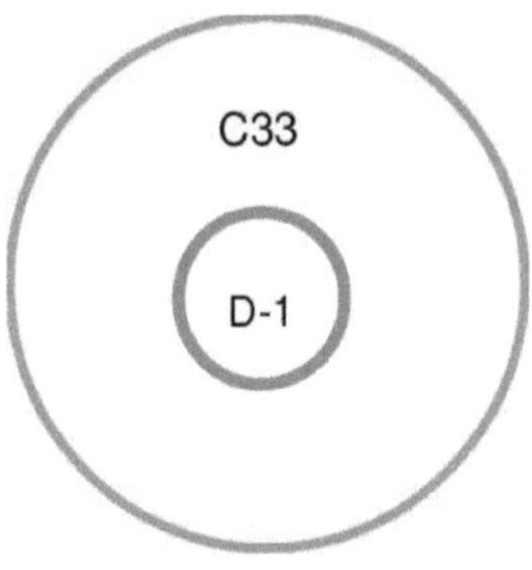

$K^*=D^1C^{33}$
AU32L12 Cis
Figura 131.

KN=2z-1=2(-1)-1=-3
KP=K-KN=96-(-3)=99
KP=3y=3(33)=99
K-KN=KP=3y
U-66: $AU_{37}L_{10}(SR)_{10}Cl_2^{+1}$
n=37
Au:k=3,5, V=2k=7
K=37(3.5)+10(-1)+10(-0.5)+2(-0.5)+1(+0.5)=114
K(n)=114(37)
K=n+t=37+77 (n=37, t=77)
VE=18n-2K=18(37)-2(114)=438
VF=438
K=2n+40
S=4n-80
VE=14n-80=14(37)-80=438
K*=D-4C41(z=-4, y=41) ; metálico
VE=14z+2+12y=14(-4)+2+12(41)=438
K=n+t=37+77

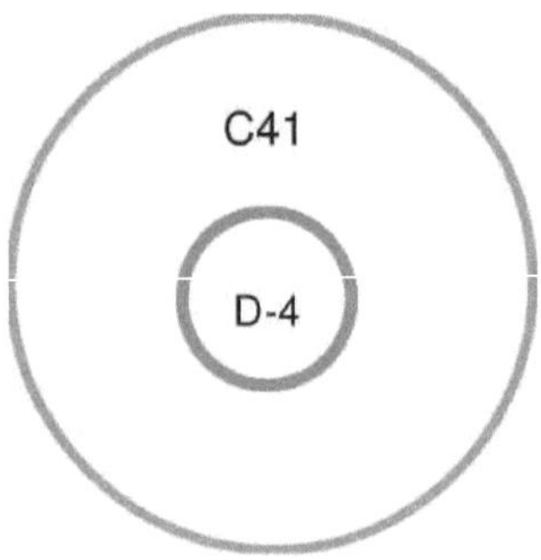

$K^*=D^{-4}C^{41}$
$AU_{37}L_{10}(SR)_{10}Cl_2^{+1}$
Figura 129.

KN=2z-1=2(-4)-1=-9
KP=K-KN=114-(-9)=123
KP=3y=3(41)=123
K-KN=KP=3y
U-67: $AU_{54}L_{18}Cl_{12}$
n=54
Au:k=3,5, V=2k=7
K=54(3.5)+18(-1)+12(-0.5)=165
K(n)=165(54)

K=n+t=54+111 (n=54, t=111)
VE=18n-2K=18(54)-2(165)=642
VF=642
K=2n+57
S=4n-114
VE=14n-114=14(54)-114=642
K*=D-4C58(z=-4, y=58) ; metálico
VE=14z+2+12y=14(-4)+2+12(58)=642
K=n+t=37+77

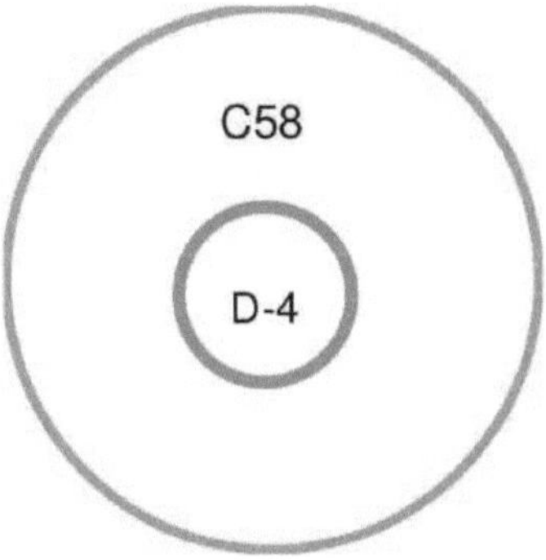

$K^*=D^{-4}C^{58}$
Au54L18Cl12

Figura 130.
KN=2z-1=2(-4)-1=-9
KP=K-KN=165-(-9)=174
KP=3y=3(58)=174
K-KN=KP=3y
U-68: AU70L12S20
n=90,m=20
Au:k=3,5, V=2k=7; S:k=1,V=2
K=70(3.5)+12(-1)+20(1)=253
K(n)=253(90)
K=n+t=90+163 (n=90, t=163)
VE=18n-2K+10(-m)=18(90)-2(253)-10(20)=914
VF=914
K=2n+73
S=4n-146
VE=14n-146-10m=14(90)-146-200=914
K*=D16C74(z=16, y=74) ;não metálico
VE=14z+2+12y+10(-m)=14(16)+2+12(74)+10(-20)=914
K=n+t=90+163

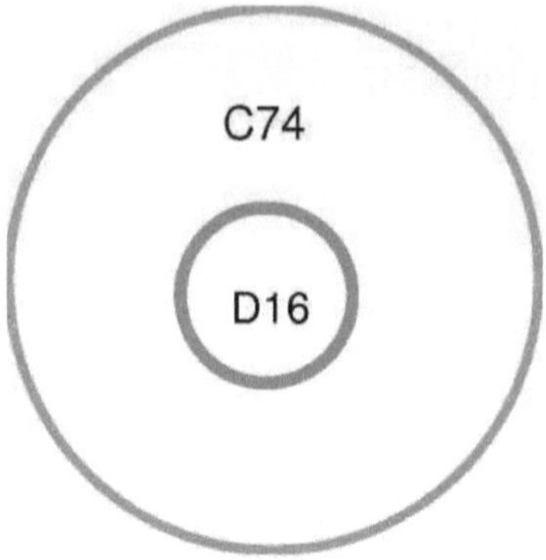

$K^{*}=D^{16}C^{74}$

AU70L12S20

Figura 131.

KN=2z-1=2(16)-1=31
KP=K-KN=253-(31)=222
KP=3y=3(74)=222
K-KN=KP=3y
U-69: AU101L21Cl5
n=101
Au:k=3,5, V=2k=7
K=101(3.5)+21 (-1)+5(-0.5)=330
K(n)=330(101)
K=n+t=101+229 (n=101, t=229)
VE=18n-2K=18(101)-2(330) =1158
VF=1158
K=2n+128
S=4n-256
VE=14n-256=14(101)-256=1158
K*=D-28C129(z=-28, y=129) ; metálico
VE=14z+2+12y=14(-28)+2+12(129)=1158
K=n+t=101+229

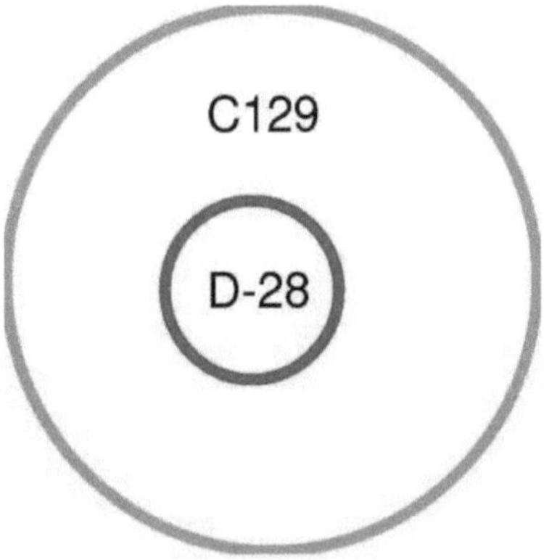

$K^{*}=D^{-28}C^{129}$

AU101L21Cl5

Figura 132.

KN=2z-1=2(-28)-1=-57
KP=K-KN=330-(-57)=387
KP=3y=3(129)=387
K-KN=KP=3y
U-70: AU108L16S24
n=132, m=24
Au:k=3,5, V=2k=7; S:k=1, V=2k=2
K=108(3.5)+16(-1)+24(1)=386
K(n)=386(132)
K=n+t=132+254 (n=132, t=254)
VE=18n-2K+10m=18(132)-2(386)+10(-24) =1364
VF=1364
K=2n+122
S=4n-244
VE=14n-244-10m=14(132)-244-240=1364
K*=D9C123(z=9, y=123) ;não metálico
VE=14z+2+12y-10m=14(9)+2+12(123)-10(24)=1364
K=n+t=132+254

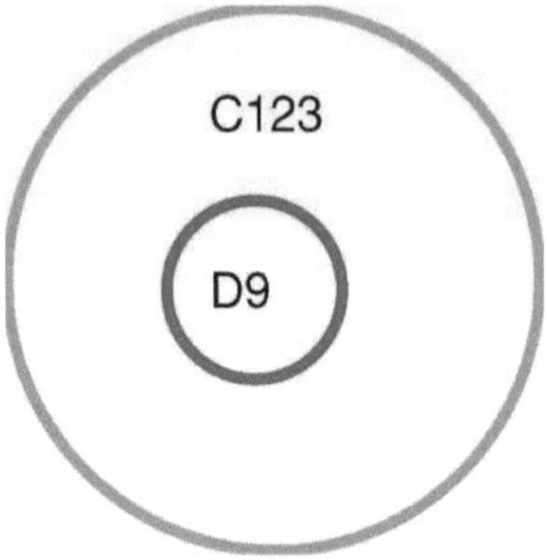

$K^*=D^9C^{123}$
AU108L16S24
Figura 133.

KN=2z-1=2(9)-1=17
KP=K-KN=386-(17)=369
KP=3y=3(123)=369
K-KN=KP=3y
U-71: AUIIL7CI3
n=11
Au:k=3,5, V=2k=7
K=11(3.5)+7(-1)+3(-0.5)=30
K(n)=30(11)
K=n+t=11+19 (n=11, t=19)
VE=18n-2K=18(11)-2(30) =138
VF=138
K=2n+8
S=4n-16
VE=14n-16=14(11)-16=138
K*=D2C9(z=2, y=9) ;não metálico

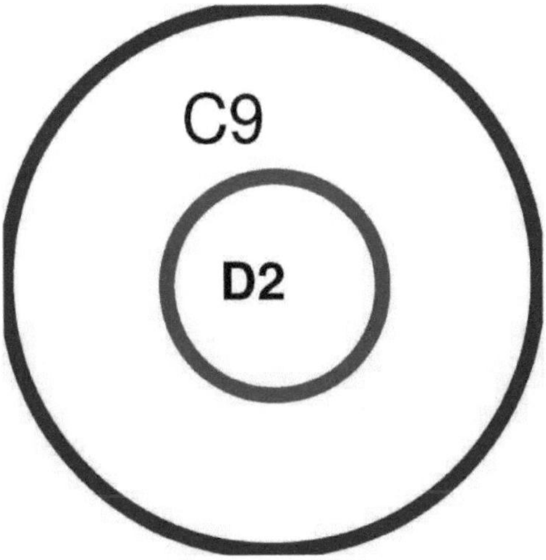

Tudo em L7Cl3

Figura 134.

VE=14Z+2+12y=14(2)+2+12(9)=138

K=n+t=11+19

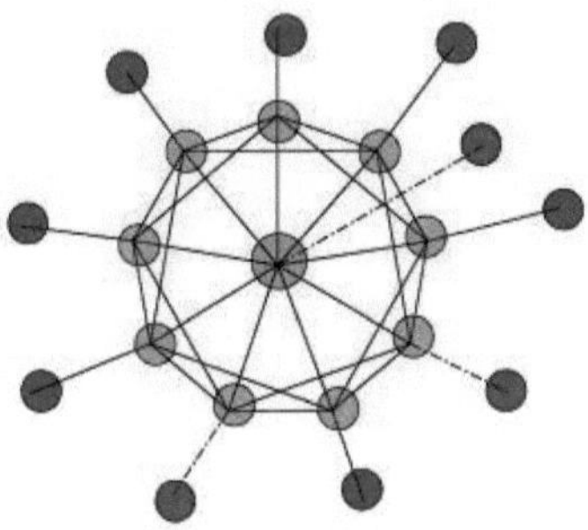

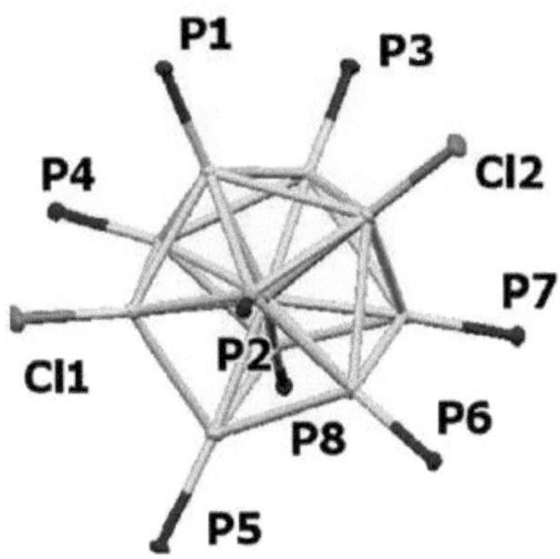

$K^{*}=D^{2}C^{9}$

$K^*=D^2C^9$

Figura 135.

KN=2z-1=2(2)-1=3
KP=K-KN=30-(3)=27
KP=3y=3(9)=27
K-KN=KP=3y
U-72: Aui3Agi2LioCl8R
n=25, Au=Ag: k=3,5, V=7
K=25(3.5)+10(-1)+8(-0.5)=73
K(n)=73 (25)
K=n+t=25+48 (n=25, t=48)
VE=18n-2K=18(25)-2(73) =304
VF=304
K=2n+23
S=4n-46
VE=14n-46=14(25)-46=304
K*=D1C24(z=1, y=24) ;não metálico
VE=14z+2+12y=14(1)+2+12(24)=304
K=n+t=25+48

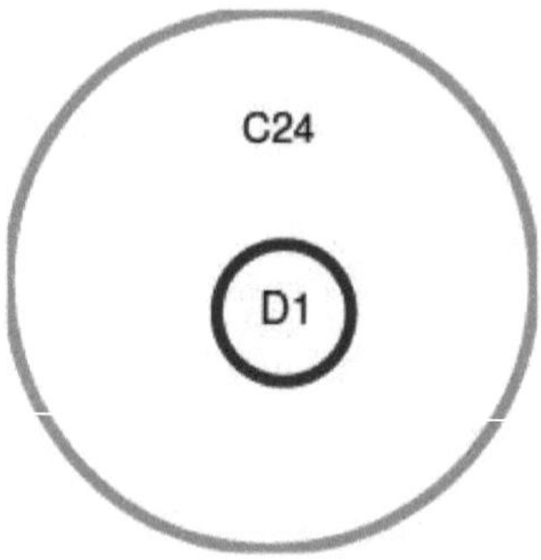

$K^*=D^1C^{24}$

$Au_{13}Ag_{12}L_{10}Cl_8R$

Figura 136.

KN=2z-1=2(1)-1=1
KP=K-KN=73-(1)=72
KP=3y=3(24)=72
K-KN=KP=3y
U-73: $Au25LioR5^{2+}$
n=25, Au: k=3,5, V=7
K=25(3.5)+10(-1)+5(-0.5)+2(+0.5)=76
K(n)=76 (25)
K=n+t=25+51 (n=25, t=51)
VE=18n-2K=18(25)-2(76) =298
VF=298
K=2n+26

S=4n-52
VE=14n-52=14(25)-52=298
K*=D-2C27(z=-2, y=27) ; metálico
VE=14z+2+12y=14(-2)+2+12(27)=298
K=n+t=25+51

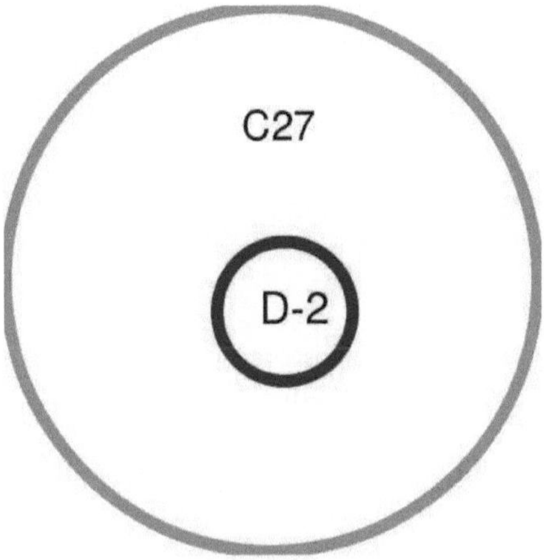

$K^*=D^{-2}C^{27}$

$AU25L10R5^{2+}$

Figura 137.

KN=2z-1=2(-2)-1=-5
KP=K-KN=76-(-5)=81
KP=3y=3(27)=81
K-KN=KP=3y
U-74: $Au39L14Cl6^{3+}$
n=25, Au: k=3,5, V=7
K=39(3.5)+14(-1)+6(-0.5)+3(+0.5)=121
K(n)=121 (39)
K=n+t=39+82 (n=39, t=82)
VE=18n-2K=18(39)-2(121) =460
VF=460
K=2n+43
S=4n-86
VE=14n-86=14(39)-86=460
K*=D-5C44(z=-5, y=44) ; metálico
VE=14z+2+12y=14(-5)+2+12(44)=460
K=n+t=39+82

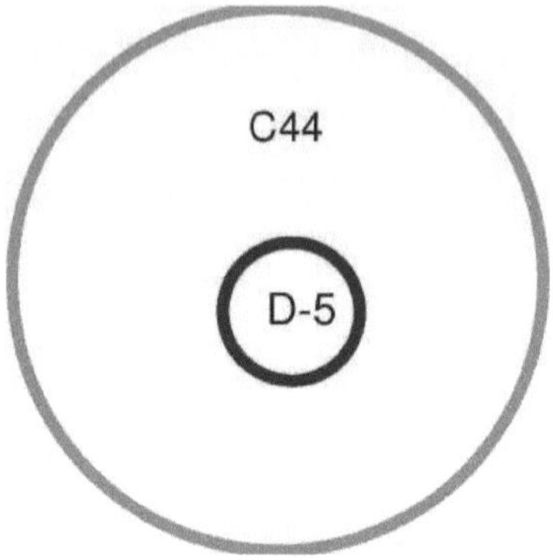

$K^{*}{=}D{-}^{5}C^{44}$

$Au39Li4Cl6^{3+}$

Figura 138.

KN=2z-1=2(-5)-1=-11
KP=K-KN=121-(-11)=132
KP=3y=3(44)=132
K-KN=KP=3y
U-75: $Au24L1oR5^{1+}$
n=25, Au: k=3,5, V=7
K=24(3.5)+10(-1)+5(-0.5)+1(+0.5)=72
K(n)=72 (24)
K=n+t=24+48 (n=24, t=48)
VE=18n-2K=18(24)-2(72) =288
VF=288
K=2n+24
S=4n-48
VE=14n-48=14(24)-48=288
K*=D-1C25(z=-1, y=25) ; metálico
VE=14z+2+12y=14(-1)+2+12(25)=288
K=n+t=24+48

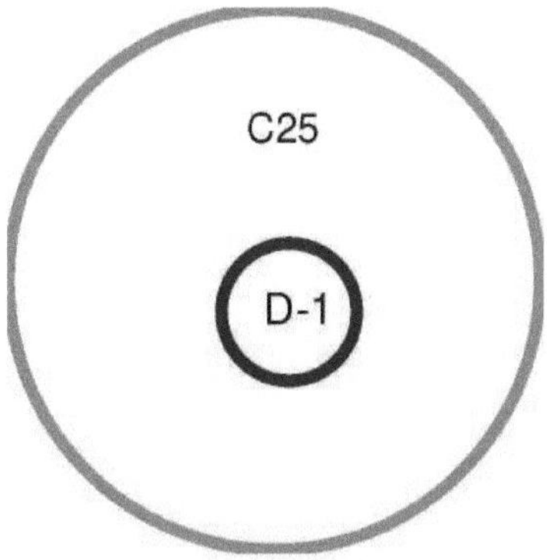

$K^{*}=D^{-1}C^{25}$

AU24L10R5[1 +]

Figura 139.

KN=2z-1=2(-1)-1=-3
KP=K-KN=72-(-3)=75
KP=3y=3(25)=75
K-KN=KP=3y

ZINTL CLUSTERS

Z-1: As2iNii2^{3-}

n=33, m=12

As: k=1,5, V=2k=3: Ni:k=4, V=2k=8

K=21(1.5)+12(4)+3(-0.5) =78

K(n)=78 (33)

K=n+t=33+45 (n=33, t=45)

VE=8n-2K+10m=8(33)-2(78)+10(12) =228

VF=228

K=2n+12

S=4n-24

VE=4n-24+10m=4(33)-24+10(12)=228

K*=D20C13(z=20, y=13) ;não metálico

VE=4z+2+2y+10m=4(20)+2+2(13)+10(12)=228

K=n+t=33+45

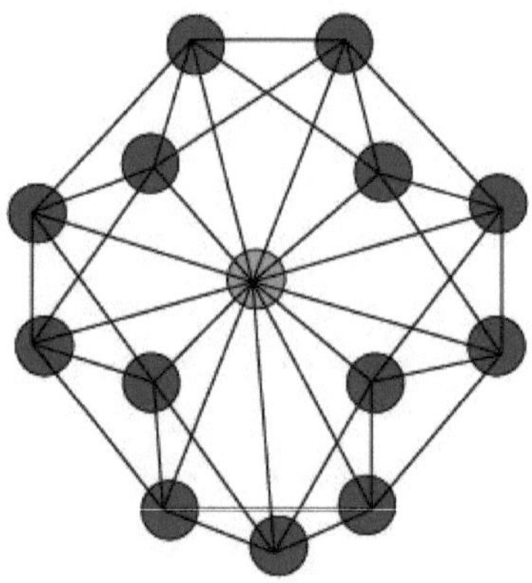

$K^*=D^{20}C^{13}$

Figura 140.

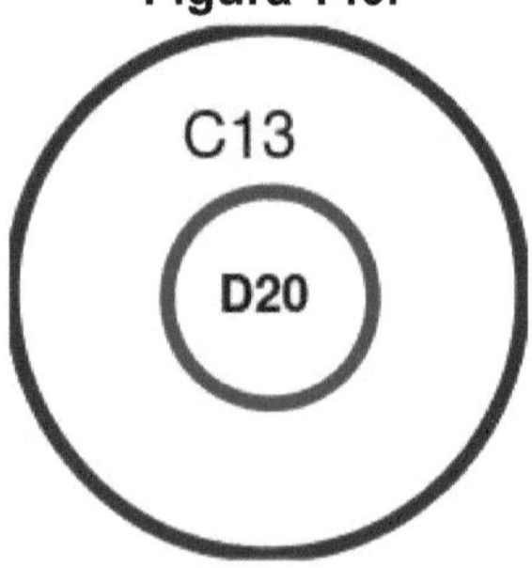

$As_{21}Ni_{12}^{3-}$

Figura 141.

KN=2z-1=2(20)-1=39 KP=K-KN=78-(39)=39

KP=3y=3(13)=39
K-KN=KP=3y
Z-2: $Sn_{2iCui2}^{(12)-}$
n=33, m=12
Sn: k=2, V=2k=4: Cu:k=3.5, V=2k=7
K=21(2)+12(3.5)+12(-0.5) =78
K(n)=78 (33)
K=n+t=33+45 (n=33, t=45)
VE=8n-2K+10m=8(33)-2(78)+10(12) =228
VF=228
K=2n+12
S=4n-24
VE=4n-24+10m=4(33)-24+10(12)=228
K*=D20C13(z=20, y=13) ;não metálico
VE=4z+2+2y+10m=4(20)+2+2(13)+10(12)=228
K=n+t=33+45

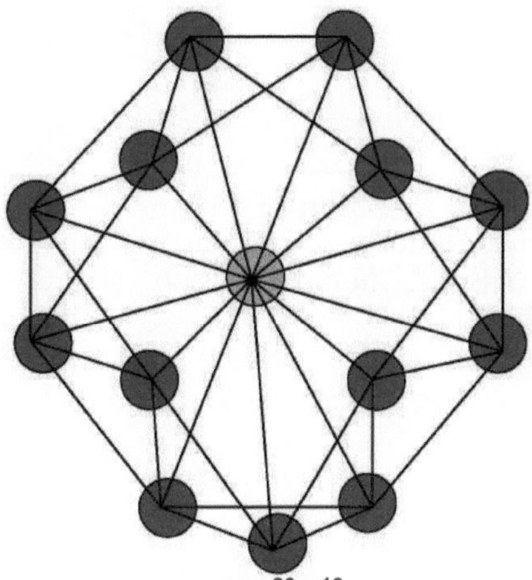

$K^*=D^{20}C^{13}$
Figura 142.

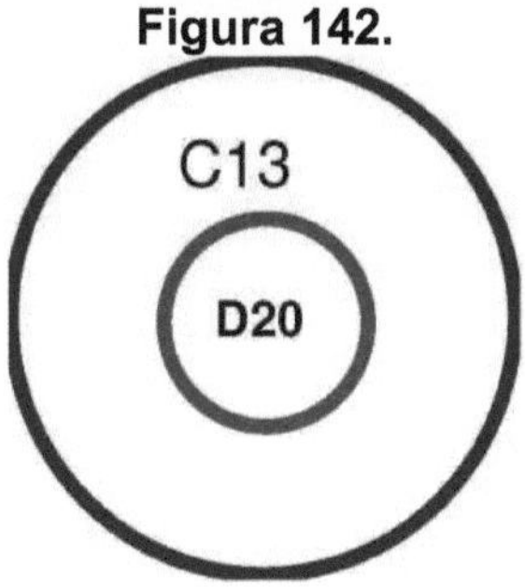

$Sn21Cu12^{12-}$
Figura 143.

KN=2z-1=2(20)-1=39
KP=K-KN=78-(39)=39
KP=3y=3(13)=39
K-KN=KP=3y

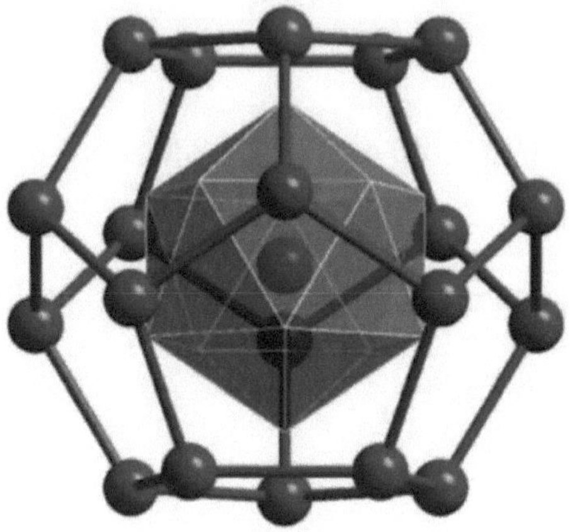

$Sn21Cu12^{12-}$/ $As21Ni12^{3-}$

Figura 144.

Adaptado de Scientific Reports, 4, 6915(2014)
X. Huang, J. Zhao, Y.Su, Z.Chen, R. B. King

Z-3: Na_2 K21Tl19
n=42
Na=K: k=3,5, V=2k=7: Tl:k=2,5, V=2k=5
K=23(3.5)+19(2.5) =128
K(n)=128 (42)
K=n+t=42+86 (n=42, t=86)
VE=8n-2K=8(42)-2(128) =80
VF=80
K=2n+44
S=4n-88
VE=4n-88=4(42)-88=80
K*=D-3C45(z=-3, y=45) ; metálico
VE=4z+2+2y=4(-3)+2+2(45) =80
K=n+t=42+86

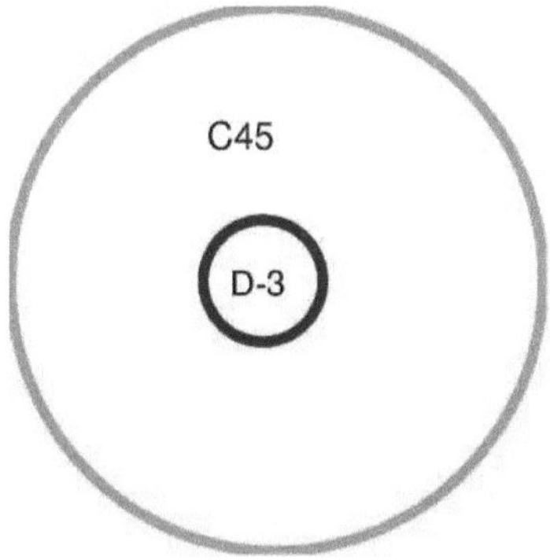

$K^*=D^{-3}C^{45}$

Na2 K21Tl19

Figura 145.

KN=2z-1=2(-3)-1=-7

KP=K-KN=128-(-7)=135

KP=3y=3(45)=135

K-KN=KP=3y

Z-4: Nai4 KeTlw

n=38

Na=K: k=3,5, V=2k=7: Tl:k=2,5, V=2k=5

K=20(3.5)+18(2.5) =115

K(n)=115(38)

K=n+t=38+77 (n=38, t=77)

VE=8n-2K=8(38)-2(115) =74

VF=74

K=2n+39

S=4n-78

VE=4n-78=4(38)-78=74

K*=D-2C40(z=-2, y=40) ; metálico

VE=4z+2+2y=4(-2)+2+2(40) =74

K=n+t=38+77

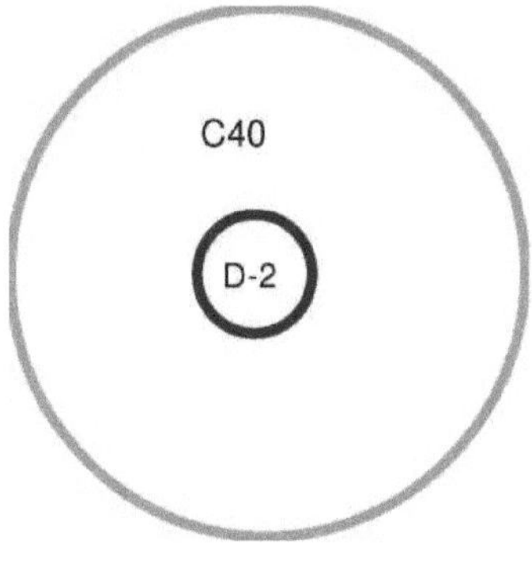

$K^{*}=D_{\cdot}^{2}C^{40}$

Na14 KeTl18

Figura 146.

KN=2z-1=2(-2)-1=-5

KP=K-KN=115-(-5)=120

KP=3y=3(40)=120

K-KN=KP=3y

Z-5: Na12 K38Tl48AU2

n=100, m=2

Na=K: k=3,5, V=2k=7: Tl:k=2,5, V=2k=5

K=50(3.5)+48(2.5)+2(3.5) =302

K(n)=302(100)

K=n+t=100+202 (n=100, t=202)

VE=8n-2K+10m=8(100)-2(302)+10(2) =216

VF=216

K=2n+102

S=4n-204

VE=4n-204+10m=4(100)-204+10(2)=216

K*=D-3C103(z=-3, y=103) ; metálico

VE=4z+2+2y+10m=4(-3)+2+2(103)+10(2) =216

K=n+t=100+202

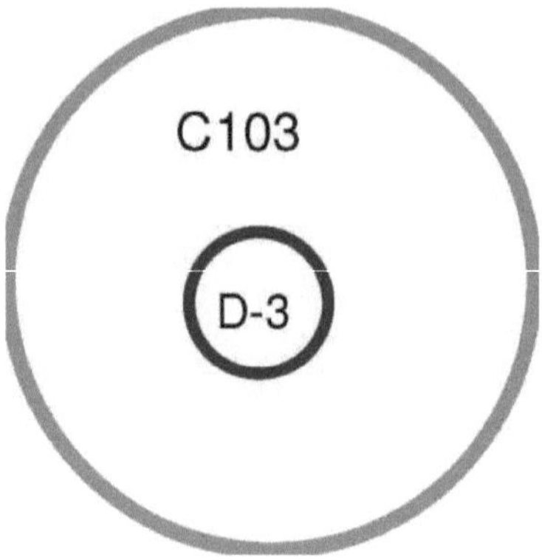

$K^{*}=D\text{-}3C^{103}$

Nai2 K38Tl48AU2

Figura 147.

KN=2z-1=2(-3)-1=-7

KP=K-KN=302-(-7)=309

KP=3y=3(103)=309

K-KN=KP=3y

Z-6: Rh15Tl27

n=42, m=27

Rh=: k=4,5, V=2k=9: Tl:k=2,5, V=2k=5

K=15(4.5)+27(2.5) =135

K(n)=135(42)

K=n+t=42+93 (n=42, t=93)
VE=8n-2K+10m=18(42)-2(135)+10(-27) =216
VF=216
K=2n+51
S=4n-102
VE=14n-102+10m=14(42)-102+10(-27)=216
K*=D-10C52(z=-10, y=52) ; metálico
VE=14z+2+12y+10m=14(-10)+2+12(52)+10(-27) =216
K=n+t=42+93

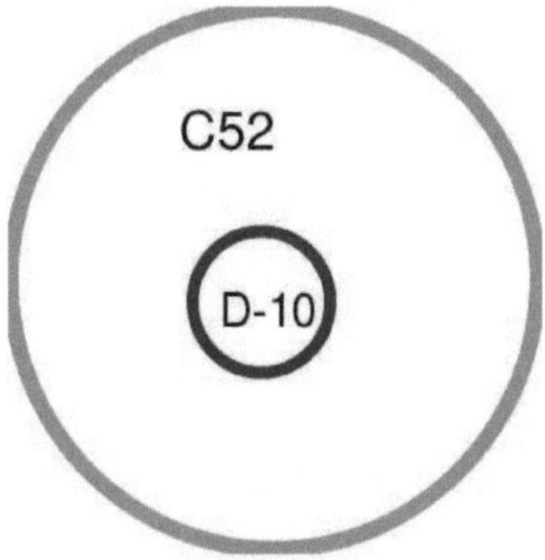

$Rh_{15}Tl_{27}$

$K^{*}=D^{-10}C^{52}$
Figura 148.

KN=2z-1=2(-10)-1=-21
KP=K-KN=135-(-21)=156
KP=3y=3(52)=156
K-KN=KP=3y
Z-7: $Na102_2Zn72_2Ga_2$
n=176, m=72
Na: k=3,5, V=2k=7: Ga:k=2,5, V=2k=5
K=102(3.5)+72(3)+2(2.5) =578
K(n)=578(176)
K=n+t=176+402 (n=176, t=402)
VE=8n-2K+10m=8(176)-2(578)+10(72) =972
VF=972
K=2n+226
S=4n-452
VE=4n-452+10m=4(176)-452+10(+72)=972
K*=D-51C227(z=-51, y=227) ; metálico
VE=4z+2+2y+10m=4(-51)+2+2(227)+10(72) =972
K=n+t=176+402

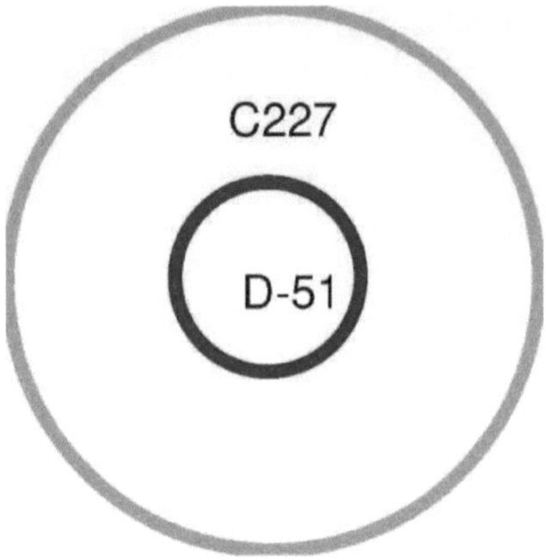

$K^{*}=D^{-51}C^{227}$

Na102Zn72Ga2

Figura 149.

KN=2z-1=2(-51)-1=-103

KP=K-KN=578-(-103)=156

KP=3y=3(52)=156

K-KN=KP=3y

Z-8: NiIn84Na36

n=121, m=1

Na: k=3,5, V=2k=7: In:k=2,5, V=2k=5;

Ni: k=4, V=2k=8

K=1(4)+84(2.5)+36(3.5)=340

K(n)=340(121)

K=n+t=121+219 (n=121, t=219)

VE=8n-2K+10m=8(121)-2(340)+10(1) =298

VF=298

K=2n+98

S=4n-196

VE=4n-196+10m=4(121)-196+10(1)=298

K*=D22C99(z=22, y=99) ;não metálico

VE=4z+2+2y+10m=4(22)+2+2(99)+10(1) =298

K=n+t=121+219

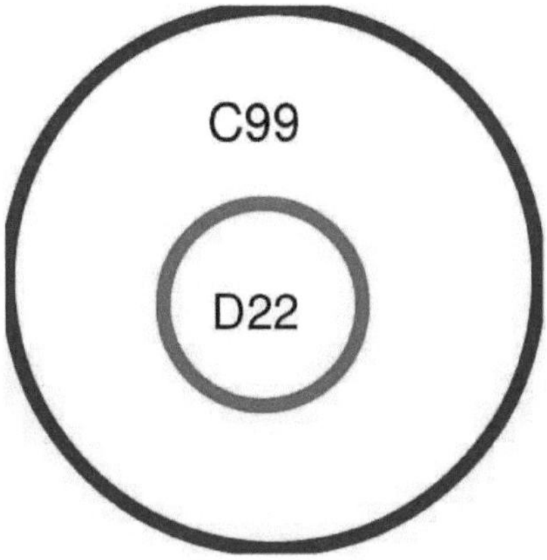

$K^{*}=D^{22}C^{99}$

NiIn84Na36

Figura 150.

KN=2z-1=2(22)-1=43

KP=K-KN=340-(43)=297

KP=3y=3(99)=297

K-KN=KP=3y

Z-9: Cs8Nai6Sii36

n=160

Na=Cs: k=3,5, V=2k=7: Si:k=2, V=2k=4

K=24(3.5)+136(2)=356

K(n)=356(160)

K=n+t=160+196 (n=160, t=196)

VE=8n-2K=8(160)-2(356) =568

VF=568

K=2n+36

S=4n-72

VE=4n-72=4(160)-72=568

K*=D123C37(z=123, y=37) ;não metálico

VE=4z+2+2y+10m=4(123)+2+2(37) =568

K=n+t=160+196

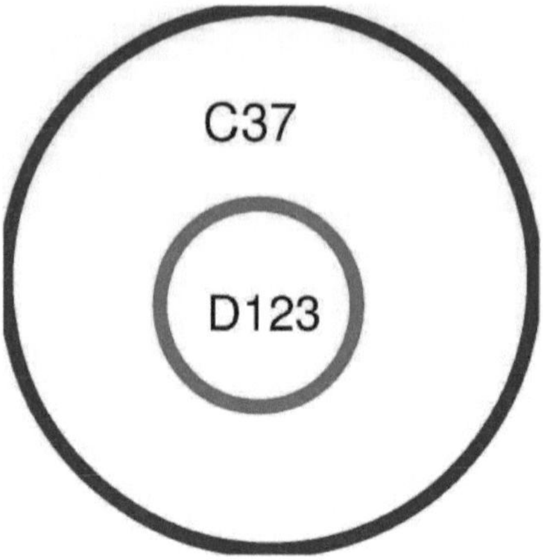

$K^*=D^{123}C^{37}$

Cs8Nai6Sii36

Figura 151.

KN=2z-1=2(123)-1=245
KP=K-KN=356-(245)=111
KP=3y=3(37)=111
K-KN=KP=3y
Z-10: F=Na172In192Pt2
n=366, m=2
K=172(3.5)+192(2.5)+2(4)=1090
K(n)=1090(366)
K=366+724
K=2n+358
$K^*=D^zC^y=D^7C^{359}$(z=7, y=359) ;não metálico
VE=4z+2+2y+10m=4(7)+2+2(359)+10(2)=768
VF=768

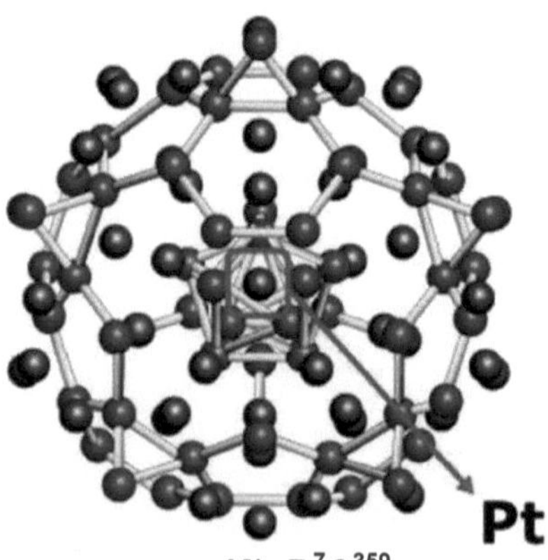

$K^*=D^7C^{359}$

Adaptado de 11, Inorganic Chemistry -III (Polyatomic zintl cations & anions and chevrel phases), 34: Polyatomic zintl cations & anions and chevrel phases, CHE_P11_M34

Figura 152.

O aglomerado supergigante acima envolve 366 elementos esqueléticos e pode ser facilmente analisado e categorizado pela teoria dos aglomerados. É também importante notar que o centro deste aglomerado é constituído por 7 elementos esqueléticos (D7), ao contrário do exemplo anterior de 33 elementos esqueléticos que constituem uma concha maior de D20. Claramente, a teoria dos clusters desempenha um papel vital na compreensão mais profunda das ciências químicas.

KN=2z-1=2(7)-1=13

KP=K-KN=1090-(13)=1077

KP=3y=3(359)=1077

K-KN=KP=3y

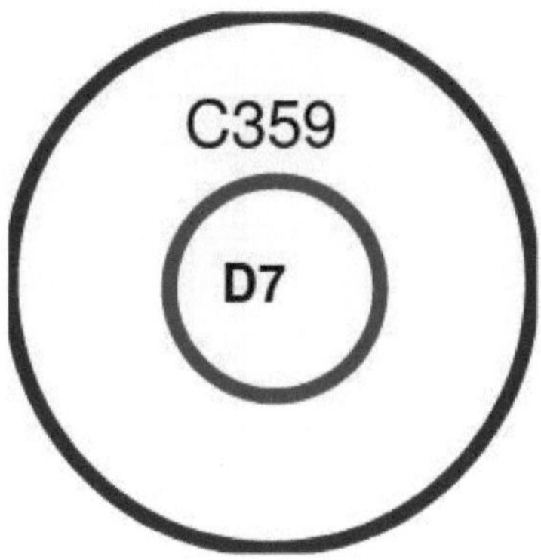

D^7C^{359}

$Na_{172}In_{192}Pt_2$

Figura 153.

QUADRO 1. CONFIGURAÇÕES DE AGLOMERADOS DE METAIS E NÃO METAIS SELECCIONADOS			
m=metal, nm=não metálico			
Scio	$D^{-46}C^{56}$	3o	m
Tiio	$D^{-41}C^{51}$	4o	m
Vio	$D-^{36}C^{46}$	5o	m
Crio	$D^{-31}C^{41}$	6o	m
Mnio	$D-^{26}C^{36}$	7o	m
Feio	$D^{-21}C^{31}$	8o	m
Coio	$D^{-16}C^{26}$	9o	m
Niio	$D^{-11}C^{21}$	ioo	m
Cuio	$D^{-6}C^{16}$	i io	m
Kio	$D^{-6}C^{16}$	io	m
Caio	$D-1C^{11}$	2o	m
Znio	$D-1C^{11}$	12o	m
Rh33(CO)47^{5-}	$D^{-1}C^{34}$	396	m
Au2Ag2L2^{4+}	$D^{-3}C^{7}$	44	m
PdAui3L3(SR)7^{+2}	$D-^{3}C^{17}$	164	m
Au4Ru2(L2)(SR)8	$D-1C^{7}$	72	m
AU2oL8^{2+}	$D^{-2}C^{24}$	234	m
AU28L9(SR)4^{2+}	$D^{-5}C^{33}$	328	m
AU32Li2 Cl8	$D^{-1}C^{33}$	384	m
AU37Lio(SR)ioCl2^{+i}	$D^{-4}C^{44}$	438	m
AU54Li8Cli2	$D-4C^{58}$	642	m
Auioi L21Cl5	$D-^{28}C^{129}$	1158	m
AU25LioR52^{+}	$D-^{2}C^{27}$	298	m
AU39Li4Cl6^{3+}	$D^{-5}C^{44}$	46o	m
AU24LioR5^{i+}	$D^{-1}C^{25}$	288	m
Na2 K2iTli9	$D^{-3}C^{45}$	8o	m
Nai4 K$_6$Tll$_8$	$D^{-2}c4^{o}$	74	m
Nai2 K38Tl48AU2	$D^{-3}C^{io}{}_3$	216	m
Rhi5Tl27	$D-^{io}C^{52}$	216	m
Naio2Zn72Ga2	$D-^{51}C^{227}$	972	m
Cs8Nai6Sii36	$D^{123}C^{37}$	568	nm
Krio	$D^{29}C^{-19}$	80	nm
Ru6Tei4(CO)i2^{2-}	$D^{28}C-^{8}$	158	nm
Brio	$D^{24}C^{-14}$	7o	nm
Niln84Na36	$D^{22}C^{99}$	298	nm
AS2lNil2^{3-}	$D^{20}C^{13}$	228	nm
Sn2lCUl2$^{(12}$)-	$D^{2o}C^{13}$	228	nm
Seio	$D^{19}C^{-9}$	60	nm
Nl3iSb4(CO)406-	$D^{17}C^{18}$	416	nm

AU70L12S20	$D^{16}C^{74}$	914	nm
Asio	$D^{14}C^{-4}$	50	nm
Ru6(CO)i8L2^-OHWS)	$D^{14}C^{-5}$	108	nm
Nii9Sb4(CO)26^{4-}	$D^{14}C^{9}$	266	nm
Nil3Sb2(CO)24^{2-}	D^{14}C1	190	nm
C08Pt4(C2)(CO)24^{-2}	$D^{12}C^{0}$	170	nm
OS6(CO)18^4-O)(^OH)2	$D^{12}C^{-3}$	104	nm
OS4(CO)12^3-O)4	D11C^{-3}	80	nm
Fe6(O)2(CO)i8 H^{3-}	D11C^{-3}	100	nm
Fe4Bi4(CO)i3^{2-}	D11C^{-3}	80	nm
Nii2Ga(CO)22^{3-}	D11C^{2}	170	nm
Geio	D9C^{1}	40	nm
AU108L16S24	D9C^{123}	1364	nm
FeRu2(CO)8L2(OH)2	D8C^{-3}	58	nm
Os_6(CO)w(p3-O)	D8C^{-1}	92	nm
H3Rh13(CO)25^{2-}	$D^{7}C^{6}$	172	nm
Na172In192Pt2	$D^{7}C^{359}$	768	nm
Os3(CO)8(L)(OH)(H)(S)	$D^{7}C^{-2}$	56	nm
Os4(CO)12(OH)(H)(H)2	$D^{7}C^{-2}$	56	nm
OS4(CO)12(p-OH)(H)4^{+1}	$D^{7}C^{-2}$	66	nm
OS18Pd3C2(CO)42^{2-}	$D^{7}C^{14}$	268	nm
$Rh_5Pt(CO)_{15}^{-1}$	D6C0	86	nm
Co6(C)(CO)12(AuL)4	D6C^{4}	134	nm
Co5(C)(CO)11(AuL)3	D6C^{2}	110	nm
Co5(C)(CO)11(AuL)$^{-2}$	D6C0	86	nm
Co5(C)(CO)12(AuL)	D6C0	86	nm
Co5(C)(CO)11(AuL)3	D6C^{2}	110	nm
Rh14(CO)26^{2-}	$D^{5}C^{9}$	180	nm
Rh15(CO)27^{3-}	$D^{5}C^{10}$	192	nm
Fe3(O)(CO)9^{2-}	$D^{5}C^{-1}$	50	nm
Fes(O)(CO)9 (AuL)$^{1-}$	D^{5}C0	62	nm
Fe3(CO)9(O)(AuL)2	D5C^{1}	74	nm
Rh17(CO)3o^{3-}	$D^{5}C^{12}$	216	nm
Fe3Mn(CO)12(O)$^{-1}$	$D^{5}C^{0}$	62	nm
Fe3Re(CO)12(O)$^{-1}$	$D^{5}C^{0}$	62	nm
Fe6(N)(CO)15^{3-}	$D^{5}C^{2}$	86	nm
Fe4(N)(CO)12^{1-}	D^{5}C0	62	nm
Fe5(N)(CO)14^{1-}	D^{5}C1	74	nm
Co3Fe(CO)i2-1	$D^{5}C^{-1}$	60	nm
Fe2Ru3(CO)i2(O)$^{-2}$	$D^{4}C^{2}$	72	nm
Rhi9(CO)3i^{5-}	D4C^{15}	238	nm
Fe3(B)(CO)io^{1-}	D4C0	48	nm
Gaio	$D^{4}C^{6}$	30	nm

$PtAui2LioCl2(PF6)2$	D^4C^9	166	nm
$Ag7Aui2LioR9$	$D4C^{15}$	238	nm
$Ru3Au(L)(Cl)(CO)io$	D4C0	58	nm
$Au5Re(H4)(L)7(PF6)2$	D^4C^2	82	nm
$Fe3Rh3(CO)i2(O)^{-l}$	D^3C^4	82	nm
$Fe4L4(CO)8$	$D3C^1$	56	nm
Au6 L6R2	D^3C^3	80	nm
PdAue L7R2	D^3C^4	92	nm
PtAu8 L8(NO3)2	D^3C^6	116	nm
$Au4IrL6(H2)^{+1}$	D^2C^3	66	nm
$HAu9\ L8^{2+}$	D^2C^7	114	nm
PdAuioL8Cl2	D^2C^9	138	nm
AunLjCh	D^2C^9	138	nm
$Au3IrL5(NO3)^{+1}$	$D1C^3$	52	nm
$Au5Cu6\ (L4)(SR)_6(BPh4)$	$D1C^{10}$	136	nm
AuioL5R4	$D1C^9$	124	nm
AuioL5R4	$D1C^9$	124	nm
Aui8 Ag2oLi4 Cl12Cl2	$D1C^{37}$	460	nm
Aui3Agi2LioCl8R	$D1C^{24}$	304	nm
Au22Ll2	$D0C^{22}$	266	nm
Au24LioCl6	$D0C^{24}$	290	nm
PtAgi2Aui2LioCl7Cl	$D0C^{25}$	302	nm

E-1:F= Scio
n=10
VF=30
J= VF-12n=30-12(10)=-90
z= J/2-1=-45-1=-46
n z y=+
y= n-z=10-(-46)=56
$K^*=D^zC^y=D^{-46}C^{56}$(z=-46, y=56) ; metálico
VE=14z+2+12y=14(-46)+2+12(56)=30=VF
K=2z-1+3y=2(-46)-1+3(56)=75 para n=10; logo, para n=1, k=7,5.
K(n)=75(10)
K=n+t=10+65(n=10, t=65)
K=2n+55(t-n)
S=4n-110
VE=14n-110=14(10)-110=30
VE=18n-2K=18(10)-2(75)=180-150=30
E-2:F=Sci0(CO)5
n=10
VF=40
J=VF-12n=40-12(10)=-80
z=J/2-1=-40-1=-41

n=z+y
y=n-z=10-(-41)=51
K*=D^zC^y=$D^{-41}C^{51}$(z=-41, y=51) ; metálico
VE=14z+2+12y=14(-41)+2+12(51)=40=VF
K=2z-1+3y=2(-41)-1+3(51)=70 para n=10; logo, para n=1, k=7.
K(n)=70(10)
K=n+t=10+60(n=10, t=60)
K=2n+50(t-n)
S=4n-100
VE=14n-100=14(10)-100=40
VE=18n-2K=18(10)-2(70)=180-140=40
F= $Sc_{10}(CO)_{5}=Ti_{10}$
E-3: $F=Sc_{10}(CO)_{10}$
n=10
VF=50
J=VF-12n=50-12(10)=-70
z=J/2-1=-35-1=-36
n=z+y
y=n-z=10-(-36)=46
K*=D^zC^y=$D^{.36}C^{46}$(z=-36, y=46) ; metálico
VE=14z+2+12y=14(-36)+2+12(46)=50=VF
K=2z-1+3y=2(-36)-1+3(46)=65 para n=10; logo, para n=1, k=6,5
K(n)=65(10)
K=n+t=10+55(n=10, t=55)
K=2n+45(t-n)
S=4n-90
VE=14n-90=14(10)-90=50
VE=18n-2K=18(10)-2(65)=180-130=50
F= $Sc_{I0}(CO)_{I0}=V_{I0}$

CONCLUSÃO

Scio^Scio(CO)5= Tiio^Scio(CO)io= Vio Scio(CO)i5=Crio->SC'o(CO)2o=Mn 10^ Scio(CO)25=Feio^Scio(CO)3o=Coio^ Scio(CO)35=Niio^Scio(CO)4o=Cu 10^ Sc10(CO)45=Zn10.

SÉRIES DE TAMPAS CORRESPONDENTES

$D^{-46}C^{56}$(m) >$D^{-41}C^{51}$(m)> $^{D(-36)}C^{46}$(m)> $^{D(-26)}C^{36}$(m)> $^{D(-21)}C^{31}$(m)> $^{D-(16)}C^{26}$(m)> $^{D(-11)}C^{21}$(m)> $^{D(-6)}C^{16}$(m)> $^{D(-1)}C^{11}$(m)> $^{D(4)}C^{6}$(nm)> D9C1(nm)> $^{D(14)}C^{-4}$(nm)> $^{D(19)}C^{-9}$(nm)> $^{D(24)}C^{-14}$(nm)> $^{D(29)}C^{-19}$(nm)> $^{D(34)}C^{-24}$(nm)> $^{D(39)}C^{-29}$(nm)

RECONHECIMENTO

O autor deseja agradecer à sua família por ter proporcionado um ambiente propício à realização do trabalho, e também deseja agradecer a Turigye Micheal pela ajuda na edição do trabalho.

REFERÊNCIAS

Belyakova, O. A., & Slovokhotova, Y. L. (2003). Estruturas de grandes aglomerados de metais de transição. Boletim Químico Russo. Inter. Ed., *52(11)*, 1-29.

Cotton, F. A., & Wilkinson, G. (1980). *Advanced Inorganic Chemistry, 4th Ed.*, John Wiley and Sons, New York, 1980.

Daniel, M. C., & Astruc, D. (2004). Nanopartículas de ouro, montagem, química supramolecular, propriedades relacionadas ao tamanho quântico e aplicações em biologia, catálise e nanotecnologia. *Chem. Rev., 104*, 293-346.

Gimeno, M. C., (2008). Moderno Supramolecular Ouro-Metal Interativo e Aplicações. Editado por A. Laguna, 2008. Wiley-VCH, Weinheim.

Greenwood, N. N., & Earnshaw, A. (1998). *Chemistry of the Elements, 2nd Ed.* Butterworth, Oxford.

Kiremire, E. M. R. (2016a). A Aplicação do Método da Série 4n para Categorizar Metalloboranes. *Int. J. Chem., 8*(3), 62-73.

Kiremire, E. M. R. (2016b). Um modelo hipotético para a formação de aglomerados de carbonila de metal de transição com base em números esqueléticos da série 4n. *Int. J. Chem., 8*(4), 78-110.

Kiremire, E. M. R. (2016c). Clusters de carbonila subterrâneos incomuns de paládio. *Int. J. Chem., 8*(1), 145-158.

Konishi, K. (2014). Clusters de ouro puro coordenados por fosfina e propriedades / respostas ópticas exclusivas. Structure and Bonding, *161*, 49-86.

Mingos, D. M. P. (1972). A General Theory for Cluster and Ring Compounds of the Main Group and Transition Elements (Uma Teoria Geral para Compostos de Aglomerados e Anéis do Grupo Principal e Elementos de Transição). *Nature (Londres), Phys. Sci., 236*, 99-102.

Mingos, D. M. P. (1984). Compostos de Aglomerados de Ouro: Serão eles materiais em miniatura? *Gold Bull, 17(1),* 5-12.

Mingos, D. M. P. (1987). Modelo complementar de densidade eletrônica esférica para compostos de coordenação. *Química Pura e Aplicada, 59*(2), 145-154.

Pauling, L. (1977). Estrutura de compostos de clusters de metais de transição: Utilização de uma orbital adicional resultante do carácter f, g das orbitais de ligação SPD.

Proc. Natl. Acad. Sci., USA, 74(12), 5235-5238. Pivoriunas, G. (2005). Neuer Goldcluster. Tese de doutoramento

Rossi, F., & Zanello, P. (2011). Atividade de reservatório de elétrons de clusters de carbonila de metais de transição de alta nuclearidade. *Portugalia, Electrochimica Ata, 29*(1), 309-327.

Tiwari, P. M., Vig, K., Dennis, A., & Sing, S. R. (2011). Nanopartículas de ouro funcionalizadas e suas aplicações biomédicas. Nanomaterials, *1*, 31-63.

Wade, K. (1971). O significado estrutural do número de pares de

electrões de ligação esquelética em carboranos, boranos superiores e iões borano e vários compostos de clusters de carbonilo de metais de transição. *Chem. Commun.*, 792-793.
Welch, A. J. (2013). O significado das regras de Wade. *Chem. Commun.*, *49*, 3615-3616.
Aplicação de números esqueléticos para categorizar clusters químicos Brochura - 19 de setembro de 2018 Por Enos Kiremire (Autor)ISBN- 10: 9783330028241ISBN-13: 978-3330028241
A New Approach to Cluster Theory of Chemical Clusters by Enos Kiremire ISBN 10: 6202079010 / ISBN 13: 9786202079013 Publicado por Lap Lambert Academic Publishing Jul 2018, 2018
Funções geradoras de fórmulas de agrupamento Kiremire Enos ISBN 10: 6139963834 ISBN 13: 9786139963836 Publisher: Lap Lambert Academic Publishing, 2018
Categorização e teoria de grafos simples de grupos de ouro
Por Kiremire Enos ISBN 10: 3659753254 ISBN 13: 9783659753251
Editora: Lap Lambert Academic Publishing, 2018
Funções Geradoras de Fórmulas de Aglomerados: De Ósmio, Ródio, Rénio, Paládio e Ouro (Brochura). Publicado por Lap Lambert Academic Publishing, N/A (2018)
ISBN 10: 6139963834
ISBN 13: 9786139963836
Ordem dos Aglomerados Químicos: Números Esqueléticos e Árvores de Aglomerados (Brochura) Enos Kiremire
Publicado por Lap Lambert Academic Publishing, Alemanha (2019)
ISBN 10: 6139898943
ISBN 13: 9786139898947
Uma Teoria Simples dos Grafos de Zintl e dos Aglomerados de Matryoshka (Brochura)
Enos Kiremire
Publicado por Lap Lambert Academic Publishing, Alemanha (2019)
ISBN 10: 6139446465
ISBN 13: 9786139446469
A Teoria da Cobertura de Aglomerados Químicos: Based On 12n/14n Series (Paperback). Enos Kiremire Publicado por Lap Lambert Academic Publishing, Alemanha (2019)
ISBN 10: 6139985595
ISBN 13: 9786139985593
Análise de Aglomerados de Carbonilo de Metais de Transição Utilizando Números Esqueléticos (Brochura)
Enos Kiremire
Publicado por Lap Lambert Academic Publishing, N/A (2019)
ISBN 10: 6200006202
ISBN 13: 9786200006202
O Grupo Principal e os Elementos Metálicos de Transição: E Seus

Aglomerados Obedecem ao Princípio da Série S=4n+Q e Seus Números Esqueléticos (Brochura). Enos Kiremire
Publicado por Lap Lambert Academic Publishing, Alemanha (2020)
ISBN 10: 620252605x
ISBN 13: 9786202526050
Categorisering Van Carbonylclusters (Paperback). Edição holandesa. Enos Kiremire
Publicado por Ks Omniscriptum Publishing, Estados Unidos (2020)
ISBN 10: 6200593647
ISBN 13: 9786200593641
Uma teoria gráfica avançada dos aglomerados de Zintl e Matryoshka (Edição holandesa)
Kiremire Enos
ISBN 10: 6200592055
ISBN 13: 9786200592057
Editora: Globeedit, 2020
Aglomerados de carbonilo: Analisar os aglomerados de carbonilo
Met Behulp Van Skeletnummers (holandês) Brochura - 3 de abril de 2020
Por Enos Kiremire (Autor)
ISBN-10: 6200593647
ISBN-13: 978-6200593641
O que é que os clusters químicos podem fazer? Klanten (Edição holandesa)
Kiremire Enos
ISBN 10: 6200852529
ISBN 13: 9786200852526
Editora: Sciencia Scripts, 2020
O Código Geheime: Para a Formação de Carvão Vegetal de Sobrecarga
En Hun Verwanten Blootgesteld (holandês) Brochura - 15 Fev. 2021
Por Enos Kiremire (Autor)
ISBN-10: 6203330647
ISBN-13: 978-6203330649
A Prova do Duplo Tapado dos Grupos Químicos:
Clusters (Espanhol) Brochura - 6 abril 2020
Por Enos Kiremire (Autor)
ISBN-10: 6200852308
ISBN-13: 978-6200852304
Editora: Sciencia Scripts, 2020
Categorização das empresas de carbono: análise de grupos
De Transición De Metal Carbonilo Usando Números Esqueléticos (Espanhol) Brochura - 19 Mar. 2020
Por Enos Kiremire (Autor)
ISBN-10: 6200382840
ISBN-13: 978-6200382849

Aplicação de números esqueléticos para categorizar clusters químicos Brochura - 19 de setembro de 2018 Por Enos Kiremire (Autor) ISBN- 10: 9783330028241 ISBN-13: 978-3330028241
Uma nova abordagem da teoria dos aglomerados químicos por Enos Kiremire ISBN 10: 6202079010 / ISBN 13: 9786202079013
Publicado por Lap Lambert Academic Publishing Jul 2018, 2018
Geração de funções de fórmulas de cluster
Kiremire Enos
ISBN 10: 6139963834
ISBN 13: 9786139963836
Editora: Lap Lambert Academic Publishing, 2018
Categorização e teoria dos grafos simples dos grupos dourados Por Kiremire Enos ISBN 10: 3659753254 ISBN 13: 9783659753251
Editora: Lap Lambert Academic Publishing, 2018
Funções Geradoras de Fórmulas de Aglomerados: De Ósmio, Ródio, Rénio, Paládio e Ouro (Brochura). Publicado por Lap Lambert Academic Publishing, N/A (2018)
ISBN 10: 6139963834
ISBN 13: 9786139963836
Ordem dos Aglomerados Químicos: Números esqueléticos e árvores de clusters (Brochura) Enos Kiremire Publicado por Lap Lambert Academic Publishing, Alemanha (2019)
ISBN 10: 6139898943
ISBN 13: 9786139898947
A Simple Graph Theory of Zintl and Matryoshka Clusters (Paperback) Enos Kiremire Publicado por Lap Lambert Academic Publishing, Alemanha (2019) ISBN 10: 6139446465 ISBN 13: 9786139446469
A Teoria da Cobertura de Aglomerados Químicos: Based On 12n/14n Series (Paperback). Enos Kiremire Publicado por Lap Lambert Academic Publishing, Alemanha (2019) ISBN 10: 6139985595 ISBN 13: 9786139985593
Análise de Aglomerados de Carbonilo de Metais de Transição Utilizando Números Esqueléticos (Brochura)
Enos Kiremire Publicado por Lap Lambert Academic Publishing, N/A (2019) ISBN 10: 6200006202 ISBN 13: 9786200006202
O Grupo Principal e os Elementos Metálicos de Transição: E seus clusters obedecem ao princípio da série S = 4n + Q e seus números esqueléticos (brochura). Enos Kiremire Publicado por Lap Lambert Academic Publishing, Alemanha (2020) ISBN 10: 620252605x ISBN 13: 9786202526050
Categorisering Van Carbonylclusters (Paperback). Edição holandesa.
Enos Kiremire Publicado por Ks Omniscriptum Publishing, Estados Unidos (2020) ISBN 10: 6200593647 ISBN 13: 9786200593641
Uma teoria gráfica avançada dos aglomerados de Zintl e Matryoshka (Edição holandesa)

Kiremire Enos ISBN 10: 6200592055 ISBN 13: 9786200592057 Editora: Globeedit, 2020
Aglomerados de carbonilo: Análise de aglomerados de carbonilo com base em dados de esqueletos (holandês) Brochura - 3 de abril de 2020
Por Enos Kiremire (Autor) ISBN-10: 6200593647 ISBN-13: 9786200593641
O que é que os clusters químicos podem fazer? Klanten (Edição holandesa)
Kiremire Enos
ISBN 10: 6200852529
ISBN 13: 9786200852526
Editora: Sciencia Scripts, 2020
16de Geheime Code: Para a formação de um código de carbono excessivo e para o seu controlo (holandês) Brochura - 15 Fev. 2021
Por Enos Kiremire (Autor)
ISBN-10: 6203330647
ISBN-13: 978-6203330649
A Prova Do Duplo Tapado Dos Grupos Químicos: Clusters (Espanhol) Brochura - 6 abril 2020
Por Enos Kiremire (Autor)
ISBN-10: 6200852308
ISBN-13: 978-6200852304
Editora: Sciencia Scripts, 2020
Categorização das empresas de carbono: análise de grupos
De Transição de Metal Carbono Usando Números
Esqueléticos (Espanhol) Brochura - 19 Mar. 2020
Por Enos Kiremire (Autor) ISBN-10: 6200382840 ISBN-13: 9786200382849
Prosta Teoria Graficzna Klastrów Zintl I Matryoshka (Edição polaca)
Kiremire Enos
ISBN 10: 6200547270
ISBN 13: 9786200547279
Editora: Wydawnictwo Bezkresy Wiedzy, 2020
Categorias de produtos de Cartografia de Cartografia: Analiza Metalowych Klastrów Karbonylowych Z Wykorzystaniem Numerów Szkieletowych (Edição polaca)
Kiremire Enos
ISBN 10: 6200547920
ISBN 13: 9786200547927
Editora: Wydawnictwo Bezkresy Wiedzy, 2020
Dowód Na Podwójne Ograniczenie Klastrów Chemicznych:
Clusters (polaco) Brochura - 6 abril 2020
Por Enos Kiremire (Autor)
ISBN-10: 6200852537
ISBN-13: 978-6200852533

2tajny Kod: Do Tworzenia Karbonyli Metali Przejsciowych I Ich Pochodnych Narazonych (polaco) Brochura - 15 Fev. 2021
Por Enos Kiremire (Autor)
ISBN-10: 6203330655
ISBN-13: 978-6203330656
Koncepcja Chemicznego J^dra Klastra (polaco) Brochura - 9 de setembro de 2020
Por Prof. Enos Kiremire (Autor)
ISBN-10: 6200986819
ISBN-13: 978-6200986818
Znego J^dra Klastra (polaco) Brochura - 9 de setembro de 2020
Por Prof. Enos Kiremire (Autor)
ISBN-10: 6200986819
ISBN-13: 978-6200986818
Il Concetto Di Nucleo Di Un Ammasso Chimico (italiano) Brochura - 9 de setembro de 2020
Por Prof. Enos Kiremire (Autor)
ISBN-10: 6200986797
ISBN-13: 978-6200986795
La Prova Della Doppia Copertura Dei Cluster Chimici: Clusters (italiano) Brochura - 6 de abril de 2020
Por Enos Kiremire (Autor)
ISBN-10: 6200852464
ISBN-13: 978-6200852465
Una Semplice Teoria Dei Grafici Dei Cluster Zintl E Matryoshka (italiano) Brochura - 2 Mar. 2020
Por Enos Kiremire (Autor)
ISBN-10: 6200558604
ISBN-13: 978-6200558602
Categorização de Aglomerados de Carbono: Analisi Dei Gruppi Carbonilici Metallici Di Transizione Utilizzando I Numeri Scheletrici (italiano) Brochura - 19 Mar. 2020
Por Enos Kiremire (Autor)
ISBN-10: 6200559805
ISBN-13: 978-6200559807
Il Codice Segreto (italiano) Brochura - 15 Fev. 2021
Por Enos Kiremire (Autor)
ISBN-10: 6203330639
ISBN-13: 978-6203330632
Boranes e a valência esquelética de cinco
Kiremire Enos
ISBN 10: 6200787743
ISBN 13: 9786200787743
Editora: Lap Lambert Academic Publishing, 2020
A prova da dupla cobertura dos aglomerados químicos: Aglomerados

Kiremire Enos
ISBN 10: 6202517484
ISBN 13: 9786202517485
Editora: Lap Lambert Academic Publishing, 2020
Números esqueléticos e ligações na simetria de aglomerados
Kiremire Enos Masheija Ruanda
ISBN 10: 6203197637
ISBN 13: 9786203197631
Editora: Lap Lambert Academic Publishing, 2020
O Conceito De Um Núcleo De Agregados Químicos (português)
Brochura - 9 de setembro de 2020
Por Prof. Enos Kiremire (Autor)
ISBN-10: 6200986827
ISBN-13: 978-6200986825
A Prova Do Duplo Nivelamento Dos Aglomerados Químicos:
Clusters (Português) Brochura - 6 abril 2020
Por Enos Kiremire (Autor)
ISBN-10: 6200852553
ISBN-13: 978-6200852557
Categorização Dos Clusters De Carbonil: Análise De Clusters De
Carbono de Transição de Metal Usando Números
Esqueletais (Português) Brochura - 19 Mar. 2020
Por Enos Kiremire (Autor)
ISBN-10: 6200581312
ISBN-13: 978-6200581310
O Código Secreto: Para A Formação De Carbonos Metálicos De Transição E Seus Pais Expostos (Português) Brochura - 15 Fev. 2021
Por Enos Kiremire (Autor)
Publicado por Globeedit, Estados Unidos, 2020
ISBN-10: 6203330663
ISBN-13: 978-6203330663
Categorização De Hidrocarbonetos E Função Geradora Intrínseca: De aglomerados químicos Brochura - 28 de outubro de 2020 Por Prof. Enos Kiremire (Autor)
ISBN 10: 6203025658
ISBN 13: 9786203025651
Editora: Lap Lambert Academic Publishing, 2020
Uma teoria simples das garras de Zintl e Matryoshka (Edição francesa)
Kiremire Enos
Publicado por Éditions Universitaires Européennes (2020)
ISBN 10: 613955456x
ISBN 13: 9786139554560
Le Code Secret: Pour La Formation De Carbonyles De Métaux De Transition Et Leurs Apparentés Exposés (French Edition)
Kiremire Enos

ISBN 10: 6203330620
ISBN 13: 9786203330625
Editora: Edições Notre Savoir, 2021
A Preuve do Duplo Plafonamento dos Aglomerados Químicos: Clusters (Edição francesa)
Kiremire Enos
ISBN 10: 6200852405
ISBN 13: 9786200852403
Editora: Sciencia Scripts, 2020
Le Concept De Noyau De Grappe Chimique (francês) Brochura - 9 de setembro de 2020
Por Prof. Enos Kiremire (Autor)
Catégorisation Des Groupes De Carbonyles: Análise de grupos de carbonos de metais de transição com o auxílio de números espremidos (francês) Brochura - 19 de março de 2020
Por Enos Kiremire (Autor)
ISBN-10: 6139556287
ISBN-13: 978-6139556281
Uma teoria simples das garras de Zintl e Matryoshka (francês) Brochura - 28 de fevereiro de 2020
Por Enos Kiremire (Autor)
ISBN-10: 613955456x
ISBN-13: 978-6139554560
O Código Secreto: Para a Formação de Carpinteiros de Meios de Transição e Seus Aparentes Expostos (Francês) Brochura - 15 Fev. 2021
Por Enos Kiremire (Autor)
ISBN 10: 6203330620
ISBN 13: 9786203330625
Editora: Edições Notre Savoir, 2021
O código Geheim: Zur Bildung Von Übergangsmetallcarbonylen Und Deren Verwandten Ausgesetzt (Alemão) Brochura - 15 Fev. 2021
Por Enos Kiremire (Autor)
ISBN-10: 6203330604
ISBN-13: 978-6203330601
A Topologia Natural dos Aglomerados Químicos: Baseado em Valências Esqueléticas
e Triângulos Brochura - 13 Jan. 2021
Por Prof. Enos Kiremire (Autor)
ISBN-10: 6203201723
ISBN-13: 978-6203201727
A Arte da Distribuição de Cargas e Ligandos: Em Zintl Ion e outros Aglomerados Brochura - 26 Fev. 2021
Por Prof. Enos Kiremire (Autor)
ISBN-10: 6203464058

ISBN-13: 978-6203464054
A nova teoria de aglomerados como um companheiro vital para o cristal de raios X refinado:
Análise Estrutural de Aglomerados Químicos Brochura - 11 Fev. 2021
Por Enos Kiremire (Autor)
ISBN-10: 620340991x
ISBN-13: 978-6203409918
O conceito de um núcleo de aglomerado químico: O Conceito de um Núcleo de Aglomerado Químico
Kiremire, Prof. Enos
ISBN 10: 6202556528
ISBN 13: 9786202556521
Editora: Lap Lambert Academic Publishing, 2020
O Grupo Principal e os Elementos Metálicos de Transição: E Seus Aglomerados Obedecem Ao Princípio Da Série S=4n+Q E Seus Números Esqueléticos Brochura - 17 abril 2020
Por Enos Kiremire (Autor)
ISBN-10: 620252605x
ISBN-13: 978-6202526050
A prova da dupla cobertura de aglomerados químicos:
Aglomerados Brochura - 26 Mar. 2020
Por Enos Kiremire (Autor)
ISBN-10: 6202517484
ISBN-13: 978-6202517485
Números esqueléticos e ligações na simetria de cluster Brochura - 22 de dezembro de 2020
Por Enos Masheija Rwantale Kiremire (Autor)
ISBN-10: 6203197637
ISBN-13: 978-6203197631
A Topologia Natural dos Aglomerados Químicos: Baseado em Valências Esqueléticas e Triângulos Brochura - 13 Jan. 2021
Por Prof. Enos Kiremire (Autor)
ISBN-10: 6203201723
ISBN-13: 978-6203201727
A valência esquelética e o parâmetro K(N)
ISBN-13: 978-620-3-58032-7
ISBN-10: 6203580325
Categorização e identificação de centros catalíticos metálicos 27-04-2021
Autor: Enos Kiremire
ISBN-13: 978-620-3-85517-3
ISBN-10: 6203855170
Introdução à teoria dos anéis de aglomerados químicos Brochura - 21 Dez. 2021
Enos Masheija Rwantale Kiremire (Autor)

Editora: Lap Lambert Academic Publishing (21 de dezembro de 2021)
ISBN-10: 6204732323
ISBN-13: 978-6204732329
A análise de metalocarboranos
Prof. Enos Masheija Rwantale Kiremire
Editora: Lap Lambert Academic Publishing (27 Jan. 2022)
ISBN-13: 978-620-4-73999-1
ISBN-10: 6204739999
Categorias de produtos Klastrów Karbonylowych: Analiza Metalowych Klastrów Karbonylowych Z Wykorzystaniem Numerów Szkieletowych (Edição polaca)
Kiremire Enos
ISBN 10: 6200547920
ISBN 13: 9786200547927
Editora: Wydawnictwo Bezkresy Wiedzy, 2020
Dowód Na Podwójne Ograniczenie Klastrów Chemicznych:
Clusters (polaco) Brochura - 6 abril 2020
Por Enos Kiremire (Autor)
ISBN-10: 6200852537
ISBN-13: 978-6200852533
2tajny Kod: Do Tworzenia Karbonyli Metali Przejsciowych I Ich
Pochodnych Narazonych (Polaco) Brochura - 15 Fev. 2021
Por Enos Kiremire (Autor)
ISBN-10: 6203330655
ISBN-13: 978-6203330656
Koncepcja Chemicznego J^dra Klastra (polaco) Brochura - 9 de setembro de 2020
Por Prof. Enos Kiremire (Autor)
ISBN-10: 6200986819
ISBN-13: 978-6200986818
Znego J^dra Klastra (polaco) Brochura - 9 de setembro de 2020
Por Prof. Enos Kiremire (Autor)
ISBN-10: 6200986819
ISBN-13: 978-6200986818
Il Concetto Di Nucleo Di Un Ammasso Chimico (italiano) Brochura - 9 setembro de 2020
Por Prof. Enos Kiremire (Autor)
ISBN-10: 6200986797
ISBN-13: 978-6200986795
La Prova Della Doppia Copertura Dei Cluster Chimici: Clusters (italiano) Brochura - 6 de abril de 2020
Por Enos Kiremire (Autor)
ISBN-10: 6200852464
ISBN-13: 978-6200852465
Una Semplice Teoria Dei Grafici Dei Cluster Zintl E Matryoshka (italiano)

Brochura - 2 Mar. 2020
Por Enos Kiremire (Autor)
ISBN-10: 6200558604
ISBN-13: 978-6200558602
Categorização de Aglomerados de Carbono: Analisi Dei Gruppi Carbonilici Metallici Di Transizione Utilizzando I Numeri Scheletrici (italiano) Brochura - 19 Mar. 2020
Por Enos Kiremire (Autor)
ISBN-10: 6200559805
ISBN-13: 978-6200559807
Il Codice Segreto (italiano) Brochura - 15 Fev. 2021
Por Enos Kiremire (Autor)
ISBN-10: 6203330639
ISBN-13: 978-6203330632
Boranes e a valência esquelética de cinco
Kiremire Enos
ISBN 10: 6200787743
ISBN 13: 9786200787743
Editora: Lap Lambert Academic Publishing, 2020
A prova da dupla cobertura dos aglomerados químicos: Aglomerados
Kiremire Enos
ISBN 10: 6202517484
ISBN 13: 9786202517485
Editora: Lap Lambert Academic Publishing, 2020
Números esqueléticos e ligações na simetria de aglomerados
Kiremire Enos Masheija Ruanda
ISBN 10: 6203197637
ISBN 13: 9786203197631
Editora: Lap Lambert Academic Publishing, 2020
O Conceito De Um Núcleo De Agregados Químicos (português) Brochura - 9 de setembro de 2020
Por Prof. Enos Kiremire (Autor)
ISBN-10: 6200986827
ISBN-13: 978-6200986825
A Prova Do Duplo Nivelamento Dos Aglomerados Químicos: Clusters (Português) Brochura - 6 abril 2020
Por Enos Kiremire (Autor)
ISBN-10: 6200852553
ISBN-13: 978-6200852557
Categorização Dos Clusters De Carbonil: Análise De Clusters De Carbono de Transição de Metal Usando Números Esqueletais (Português) Brochura - 19 Mar. 2020
Por Enos Kiremire (Autor)
ISBN-10: 6200581312
ISBN-13: 978-6200581310

O Código Secreto: Para A Formação De Carbonos Metálicos De Transição E Seus Pais Expostos (Português) Brochura - 15 Fev. 2021
Por Enos Kiremire (Autor)
Publicado por Globeedit, Estados Unidos, 2020
ISBN-10: 6203330663
ISBN-13: 978-6203330663
Categorização De Hidrocarbonetos E Função Geradora Intrínseca: De aglomerados químicos Brochura - 28 de outubro de 2020 Por Prof. Enos Kiremire (Autor)
ISBN 10: 6203025658
ISBN 13: 9786203025651
Editora: Lap Lambert Academic Publishing, 2020
Uma teoria simples das garras de Zintl e Matryoshka (Edição francesa)
Kiremire Enos
Publicado por Éditions Universitaires Européennes (2020)
ISBN 10: 613955456x
ISBN 13: 9786139554560
Le Code Secret: Pour La Formation De Carbonyles De Métaux De Transition Et Leurs Apparentés Exposés (French Edition)
Kiremire Enos
ISBN 10: 6203330620
ISBN 13: 9786203330625
Editora: Edições Notre Savoir, 2021
A Preuve Duplo Plafonamento dos Aglomerados Químicos: Clusters (Edição francesa)
Kiremire Enos
ISBN 10: 6200852405
ISBN 13: 9786200852403
Editora: Sciencia Scripts, 2020
Le Concept De Noyau De Grappe Chimique (francês) Brochura - 9 de setembro de 2020
Por Prof. Enos Kiremire (Autor)
Catégorisation Des Groupes De Carbonyles: Análise dos grupos de carbonos de metais de transição com o auxílio de números espremidos (francês) Brochura - 19 de março de 2020
Por Enos Kiremire (Autor)
ISBN-10: 6139556287
ISBN-13: 978-6139556281
Uma teoria simples das garras de Zintl e Matryoshka (francês) Brochura - 28 de fevereiro de 2020
Por Enos Kiremire (Autor)
ISBN-10: 613955456x
ISBN-13: 978-6139554560
O Código Secreto: Para a Formação de Carpinteiros de Meios de Transição e Seus Aparentes Expostos (Francês) Brochura - 15 Fev.

2021
Por Enos Kiremire (Autor)
ISBN 10: 6203330620
ISBN 13: 9786203330625
Editora: Edições Notre Savoir, 2021
O código Geheim: Zur Bildung Von Übergangsmetallcarbonylen Und Deren Verwandten Ausgesetzt (Alemão) Brochura - 15 Fev. 2021
Por Enos Kiremire (Autor)
ISBN-10: 6203330604
ISBN-13: 978-6203330601
A Topologia Natural dos Aglomerados Químicos: Baseado em Valências Esqueléticas e Triângulos Brochura - 13 Jan. 2021
Por Prof. Enos Kiremire (Autor)
ISBN-10: 6203201723
ISBN-13: 978-6203201727
A Arte da Distribuição de Cargas e Ligandos: Em Zintl Ion e outros Aglomerados Brochura - 26 Fev. 2021
Por Prof. Enos Kiremire (Autor)
ISBN-10: 6203464058
ISBN-13: 978-6203464054
A nova teoria de aglomerados como um companheiro vital para o cristal de raios X refinado:
Análise Estrutural de Aglomerados Químicos Brochura - 11 Fev. 2021
Por Enos Kiremire (Autor)
ISBN-10: 620340991x
ISBN-13: 978-6203409918
O conceito de um núcleo de aglomerado químico
Kiremire, Prof. Enos
ISBN 10: 6202556528
ISBN 13: 9786202556521
Editora: Lap Lambert Academic Publishing, 2020
O Grupo Principal e os Elementos Metálicos de Transição: E Seus Aglomerados Obedecem Ao Princípio Da Série S=4n+Q E Seus Números Esqueléticos Brochura - 17 abril 2020
Por Enos Kiremire (Autor)
ISBN-10: 620252605x
ISBN-13: 978-6202526050
A prova da dupla cobertura de aglomerados químicos:
Aglomerados Brochura - 26 Mar. 2020
Por Enos Kiremire (Autor)
ISBN-10: 6202517484
ISBN-13: 978-6202517485
Números esqueléticos e ligações na simetria de cluster Brochura - 22 de dezembro de 2020
Por Enos Masheija Rwantale Kiremire (Autor)

ISBN-10: 6203197637
ISBN-13: 978-6203197631
A Topologia Natural dos Aglomerados Químicos: Baseado em Valências Esqueléticas e Triângulos Brochura - 13 Jan. 2021
Por Prof. Enos Kiremire (Autor)
ISBN-10: 6203201723
ISBN-13: 978-6203201727
A valência esquelética e o parâmetro K(N)
ISBN-13: 978-620-3-58032-7
ISBN-10: 6203580325
Categorização e identificação de centros catalíticos metálicos 27-04-2021
Autor: Enos Kiremire
ISBN-13: 978-620-3-85517-3
ISBN-10: 6203855170
Introdução à teoria dos anéis de aglomerados químicos Brochura - 21 Dez. 2021
Enos Masheija Rwantale Kiremire (Autor)
Editora: Lap Lambert Academic Publishing (21 de dezembro de 2021)
ISBN-10: 6204732323
ISBN-13: 978-6204732329
A análise de metalocarboranos
Prof. Enos Masheija Rwantale Kiremire
Editora: Lap Lambert Academic Publishing (27 Jan. 2022)
ISBN-13: 978-620-4-73999-1
ISBN-10: 6204739999
Vyyavlena Yadernaya Zona Himicheskih Klasterov
Enos Masheiq R. Kiremire
Publicado por Sciencia Scripts
ISBN 10: 6205058235
ISBN 13: 9786205058237
Mosteiro do Himicheskie S Yadernymi Centrami
Enos Masheiq R. Kiremire
Publicado por Sciencia Scripts
ISBN 10: 6205058111
ISBN 13: 9786205058114
Relações Isolobais de Hidrocarbonetos: Com boranos e metais
Aglomerados de carbonilo
Enos Masheija Rwantale Kiremire
Publicado por Lap Lambert Academic Publishing, 2022
ISBN 10: 6204744976
ISBN 13: 9786204744971
As Relações Isolobálticas dos Hidrocarbonetos: Avec Des Boranes Et des
Aglomerados de metal-carbono

Enos Masheija Rwantale Kiremire
Publicado por Editions Notre Savoir, 2022
ISBN 10: 6205054779
ISBN 13: 9786205054772
Relações Isoladas De Hidrocarbonetos: Com Boranos E Grupos Carbonílicos Metálicos
Enos Masheija Rwantale Kiremire
Publicado por Edições Nosso Conhecimento, 2022
ISBN 10: 6205053926
ISBN 13: 9786205053928
Relações Isolobais Dos Hidrocarbonetos: Con Boranos Y Grupos De Carbonos Metálicos
Enos Masheija Rwantale Kiremire
Publicado por Ediciones Nuestro Conocimiento, 2022
ISBN 10: 6205054396
ISBN 13: 9786205054390
Relações Isolobiche Degli Idrocarburi: Con Borani E Cluster Carbonilici Metálicos
Enos Masheija Rwantale Kiremire
Publicado por Edizioni Sapienza, 2022
ISBN 10: 6205053934
ISBN 13: 9786205053935
A Zona Nuclear das Agrupaciones Quã Micas Revelã
Prof. Enos Masheija R. Kiremire
Publicado por Ediciones Nuestro Conocimiento, 2022
ISBN 10: 6205058197
ISBN 13: 9786205058190
A Zona Nuclear Dos Aglomerados Quã Micos Revelados
Kiremire, Prof. Enos Masheija R.
Publicado por Edi?Es Nosso Conhecimento, 2022
ISBN 10: 6205058227
ISBN 13: 9786205058220
La Zona Nucleare Degli Ammassi Chimici Rivelata
Kiremire, Prof. Enos Masheija R.
Publicado por Edizioni Sapienza, 2022
ISBN 10: 6205058219
ISBN 13: 9786205058213
Revelada a zona nuclear dos aglomerados químicos
Enos Masheija Rwantale Kiremire
Publicado por Lap Lambert Academic Publishing, 2022
ISBN 10: 620498389x
ISBN 13: 9786204983899
La Zona Nucleare Degli Ammassi Chimici Rivelata Kiremire, Prof. Enos Masheija R.
Publicado por Edizioni Sapienza, 2022

ISBN 10: 6205058219
ISBN 13: 9786205058213
A zona de Kern de Clusters Químicos Aufgedeckt
Enos Masheija R. Kiremire
Publicado por Verlag Unser Wissen, 2022
ISBN 10: 620505812x
ISBN 13: 9786205058121
Cluster Chimici Con Centri Nucleari
Prof. Enos Masheija R. Kiremire
Publicado por Edizioni Sapienza, 2022
ISBN 10: 620505809x
ISBN 13: 9786205058091
Clusters Quã Micos Com Centros Nucleares
Prof. Enos Masheija R. Kiremire
Publicado por Edi?Es Nosso Conhecimento, 2022
ISBN 10: 6205058103
ISBN 13: 9786205058107
As Amas Químicas com os Centros Nucleares de Aires
Prof. Enos Masheija R. Kiremire
Publicado por Editions Notre Savoir, 2022
ISBN 10: 6205058081
ISBN 13: 9786205058084
Aglomerados químicos com centros nucleares
Kiremire, Prof. Enos Masheija Rwantale
Publicado por Lap Lambert Academic Publishing, 2022
ISBN 10: 6204983865
ISBN 13: 9786204983868
Grupos Químicos com Centros Nucleares
Enos Masheija R. Kiremire
Publicado por Ediciones Nuestro Conocimiento, 2022
ISBN 10: 6205058057
ISBN 13: 9786205058053
Aglomerado Químico com Kernzentren
Enos Masheija R. Kiremire
Publicado por Verlag Unser Wissen, 2022
ISBN 10: 6205058049
ISBN 13: 9786205058046
Algumas Leis Naturais Conhecidas dos Aglomerados Químicos
Kiremire, Prof. Enos Masheija Rwantale
ISBN 10: 6207639707 / ISBN 13: 9786207639700
Publicado por Lap Lambert Academic Publishing, 2024
Análise de aglomerados químicos gigantes
Kiremire, Prof. Enos Masheija Rwantale
ISBN 10: 620764977x / ISBN 13: 9786207649778
Publicado por Lap Lambert Academic Publishing, 2024

Aglomerados químicos de números esqueléticos a índices de cobertura
Enos Masheija Rwantale Kiremire
ISBN 10: 6207997816 / ISBN 13: 9786207997817
Publicado por Lap Lambert Academic Publishing Aug 2024, 2024
Análise qualitativa de iões Zintl
Enos Masheija Rwantale Kiremire
ISBN 10: 6207843290 / ISBN 13: 9786207843299
Publicado por Lap Lambert Academic Publishing Aug 2024, 2024
Aglomerados moleculares de ouro como precursores da catálise heterogénea.
J. Kilmartin, Tese de Doutoramento, 2010

Printed by Books on Demand GmbH, Norderstedt / Germany

MIX
Papier aus verantwortungsvollen Quellen
Paper from responsible sources
FSC® C105338

Printed by Books on Demand GmbH, Norderstedt / Germany